无毒食物 这样选 这样吃

远离黑心食品的13堂"无毒饮食"生活实践课

无毒食物生活家
白佩玉 著

湖南科学技术出版社

U0325094

教你辨识真假食物，
不再担心买到黑心食品
毒害家人健康！

认识好食物，避免吃进毒食物

我一向自许为农业人与环保人，加上深度参与主妇联盟生活消费合作社共同购买运动，长久找寻好的生活必需品（包括食物与日用品）的经验，让我深深感受到目前的大环境饱受污染的状况，致使我们在食物生产方面更是危机重重。而近年来，国人饮食习惯迅速变迁，许多人一味只追求好吃，营养与健康方面的诉求不易被认同，食物安全的诉求受忽视，加上大多养成经常外出饮食的习惯，所以采购好的食材，亲自下厨，家人围桌吃饭的生活，似乎是很久以前的事了。

然而，悄悄地，我们要付出的代价又何其高？这几年不断爆出食品安全问题，**慢性病和癌症患者不断增加，不孕者和畸形胎困扰许多新生儿父母，甚或是无法受孕，其实都和我们吃的东西有极大的关联。**在我大学毕业后，曾经有20多年的时间专门研究农产品的成分，深谙许多蔬果的农药残留与营养成分逐渐短缺问题的严重性。

我很高兴，仍有不少人为"无毒"、"有机栽培"努力，特别是本书作者白佩玉小姐，更是亲力亲为寻找"真食物"，不仅提供平台让大家可以购买，更把这一股正向理念往外散播，**我深切期望有越来越多人能"识毒与避毒"，一起朝向健康无毒的生活迈进。**

橘子工坊创始人

林碧霞 谨志

1

从挑选蔬果开始，
为家人的健康把关

"黑心食品"、"假食物"的报道像连环爆炸，持续轰炸国人的健康认知。来我诊所的民众也不断问我，"到底该怎么吃才能安心？"、"还有什么东西可以吃？"身为家庭医学专科医生，我一向呼吁大家**"多吃蔬果，自己下厨"**——很多人都想不到，我是一个几乎天天下厨的"家庭煮夫"，不但亲自选购当令、新鲜的真食材，而且包办全家的午、晚餐。

近年来"大肠癌"跃居国人癌症发生率第1位（每年新增1243人），以及三高罹病年轻化等问题，主要就因为国人过量摄取肉脂类、加工食品、依赖外食（重口味、少纤维、过量吃到饱），久之造成胃肠、肝肾、血液都过度负担，导致代谢和排便障碍、废物毒素堆积，这样下去怎么可能不生病？**大家多选择蔬果粗食当食材，除能远离慢性病、癌症的威胁，在加工食品、黑心添加剂的阴影下，更是最好的自保方法。**此外，我也很认同本书作者白佩玉的观念，**她教读者用"望、闻、摸、问"4个简单方法辨别食材真假，提供外食挑选的原则，并且公开她家独到的食谱和进食方式**——这位推广无毒饮食生活的实践家，本身也是每天要煮三餐的好妈妈，她还规范出不同年龄层该有的"饱食程度"，这让家里也是上有长辈、下有孩子的我，有耳目一新的感觉！

不管你要亲自下厨或是外出就餐，这本书将提供许多现代人健康饮食的观念及方法，内容实用、贴近生活，尤其适合职业妇女、家庭主妇，在帮家人准备三餐的同时，不仅吃到美味，更能吃出健康。

林青榖家庭医学专科诊所院长

林青榖　谨志

有机无毒的生活路，我们同行

我是个平凡的妈妈和妻子，用对的食物为家人的健康把关，是我最大的心愿和成就所在。

从消费者到生产者，一路走来，我用寻找好食物给孩子的心情，为每个家庭觅食。我始终坚信，自然、纯净、养生、无添加物的食材才是真正的好食物，这些食物蕴含着"大自然能量"，唯有不经污染和人工添加其他物质的食材，才是兼具营养与安全的好食物。你我的身体都是诚实的，它会如实反映我们所吃食物的品质，人们吃真的食物才会得到真的健康，吃假食物，身体健康问题就会一一浮现。

身为母亲，我只想孩子是最好、最健康的

我的小女儿有严重的异位性皮肤炎，在她出生不久，我们就发现了这个问题。起初我们急着四处投医，想找最好的医生来治疗她，但我发现顶多是能做到控制症状。看着医生开出的处方及药物，我犹豫了，我真的要用药把她养大吗？思考之后，我和先生决定施行"食物疗法"，给小女儿吃正确的、安全的、健康的食物，让她慢慢调整体质，希望能让异位性皮肤炎的症状缓解，把她的身体负担减至最小。

购买安全食材，当是对健康最大的投资

吃无毒纯净的食物，能让我们健康长寿。虽然健康和长寿之间未必是等号，但撇开意外概率不谈，不健康和不长寿几乎总是相互伴随。我现在才40岁，还有机会选择70岁的我是要自个儿在公园里悠闲地散步，还是要借由他人

3

的帮助，坐在轮椅上看别人散步？

大家应该把食材安全作为采购的首要考量，虽然这个坚持可能会增加一些开销，这些多出来的金额，我会把它当作对健康生命的重大"投资"。

在寻找无毒健康食物的旅途上，让我看见人生百态

在这条寻找无毒健康食物的旅途上，我看到人生百态，也得到很多感悟，这些是过去的我所无法想象的。我遇到很多有梦想的农渔民，他们抱着单纯的信念，一路坚持良心和品质，维护食材的品质与耕作的尊严，对于这群小农户我有着满满的尊敬。

我看到很多见钱眼开的不良厂商，他们为了牟取暴利，生产了很多害人的产品，还编织堂皇的借口，说服自己也欺骗别人。我看到很多勉力为之的厂商，在艰苦环境里仍肯付出辛劳、愿意接受挑战，尝试更有创意的做法。

我遇到许多有热情的朋友，起初自制食品是为了和亲友分享而并非为了销售，却因好品质广受肯定，从此更执着制作无毒健康的食物。我看到很多一辈子真诚做人、认真做事的朋友，却不懂得善待自己的身体，因为饮食不当而失去健康。

我看到很多辛苦持家、精打细算的妈妈，却有见地地在饮食上做正确坚持，只为了让家人吃得安心和健康。有机无毒的生活路辛苦却不孤单，因为您的陪伴相随，让我度过无数春夏寒暑，感谢所有朋友愿意与我一起走过，我一定不会忘记初衷，继续朝正确的方向坚持下去。

Contents

【这么重要】饮食这档事！

PART 2 餐桌上的无毒实践课

【这么全面】厨房以外的事

PART 3　居家生活的无毒实践课。

PART
1

【这么严重】黑心食品充斥

你吃的是"真食物"吗

认识什么是"真食物"

"新鲜"、"当令"、"不经污染"的天然安全食材

你知道什么是"真食物"

当"米酒没米"、"面包含人工香精"、"酱油有致癌的甲基咪唑注"、"肉类加瘦肉精"等食品安全新闻被揭露，很多朋友惶恐地问："该用什么来喂养孩子？"我的回答始终只有一个——寻找"真食物"来照顾家人吧！

所谓"真食物"，是指新鲜的、本地的、当令的、不经污染的天然安全食材。食物带给身体能量，身体则会如实反映吃下的东西是好是坏。只要在对的时间，吃对的东西，就能摄取到大自然赋予的营养素，给予身体最安全的能量。常吃假食物，身体很快会将问题反映出来，**如今食物过敏人口激增，不孕、癌症比例这么高，食物问题难辞其咎。**

无农药、不施化肥和除草剂，是真食物的最基本条件；此外，我会尽量购买本地或邻近区域当令盛产的新鲜食材，避免食物运输里程过远——长途运输途中，食材有被污染或腐败的风险，且考虑到环保，减少食物运输里程能为延缓地球暖化尽一份心力。

注 **甲基咪唑：**是焦糖色素制作过程中所产生的致癌衍生物，多添加于酱油、可乐、咖啡、卤汁类零食等。

不施化肥　食材新鲜　本地生产
符合6项条件就是**真食物！**
运程较短　不洒农药　当令时节

你吃的食物从哪里来

　　你留意过自己一天吃下多少食物吗？来源是否安全？营养如何？食物的属性和洁净决定了你我的健康状态，大意不得。我将常吃的食物分为天然食材、加工食品和酱料三大类型。

你常吃这些吗

❶ 看得到原始形态的 天然食材

经种植或自然生长的作物、经养殖得来的肉类及产物等，都属于天然食材，凡看得到原始形态的食物都归在此类，应该占摄取量的最大比例；米、肉、鱼、虾、蛋、蔬菜、水果等属于此类。

❷ 改变食物原本样子的 加工食品

通过科学方法制作得来的可食物品叫作"食品"。最初的美意是想让食材更有变化，并增加烹饪的便利性。如果是用真食物来加工，又没添加化学合成物质，基本上是无害的，但仍不建议占饮食的太大比例；面条、粉丝、面包、豆干、贡丸、香肠、酱菜和火锅料等都属于此类。

❸ 增添饮食风味的 调味酱料

这类食物的摄取量虽少，但若使用不得当，对身体的毒害不小于前两项。除了油脂提供较多热量外，其他酱料通常用来增添饮食风味；油、酱油、醋、辣椒酱、沙拉酱、芥末酱等，都属于此类。

法国俗谚："与其求医服药，不如买菜吃肉。"

专家这样选

标榜"有机"，
就是安全食材吗

早在1924年，德国人即率先提出"有机种植"的概念，可惜和工业化、经济化的潮流相违背，始终未受肯定。近年来，医药科技和环保观念有很大提升，有机种植终获世人重视。选择有机食材是现代人追求健康、想活得更好的一种展现，现在因有检验单位把关，民众多认为"有机"就等于"安全"。

实际上，"有机农业"又被称为"生态农业"，它的栽种条件是将农作物种在没受到合成化学物质污染的土地上，且不用化合物去促进植物的生长。《欧洲营养期刊》曾发表一份数据，将有机蔬菜和一般蔬菜熬汤后进行比较，发现**有机蔬菜汤的水杨酸含量是一般蔬菜汤的6倍**，维生素和抗氧化物质也比较丰富。水杨酸是植物的天然成分，它影响着植物的抗病力，对人体也有抵抗发炎、强化心血管和肠道健康的功效。

近年来，有机市场日益扩大，许多传统农民朋友通过辅导机构转型成有机耕种，且比例日益提高，**但无法每批作物都进行检验，因此漏洞不少！** 真正的"有机食品"认证过程是十分严谨且复杂，身为消费者的你，一定要好好了解一番。

我期盼有机业者莫忘初衷，维持高标准的做法，消费者也应以正确态度来面对食材——有机只是过程，其目的在于追求无毒——**绝非买了有机蔬菜就可马虎清洗，毕竟饮食安全是需要谨慎维护的。**

常有客人询问："你们的产品都是有机的吗？"我会告诉对方，有机是指作物经过严格的认证，而我所找的食材不仅有机，更是无毒安全的，这才是追求有机的最终目标。由于我也经常被询问到有机的问题，所以在此列出来与大家分享——

Q 消费者哪有能力去检测有机农田的土壤和水源？

A 消费者做不到监控源头，得依赖有良心的从业者帮忙把关。但每个人至少该尝试了解产地和周边状况，例如：如果农田四周全是工厂，灌溉水渠受工业废水污染，种出来的作物谁敢吃？我常实地走访产地，亲自接触农户，所以能分辨他们用药、用肥的态度，10年下来，找到一群能信任且与我理念相符的种植户；我不间断地与他们合作，希望成为支持农民朋友持续改善食物安全的原动力。

Q 有机农产品有一定的生产标准吗？

A 有的。以有机米为例，依照有机农产品生产标准，没有农药残留，生产过程从培育、栽种、生产、储藏、加工到运输都不能受污染；土壤和水源需经采样和检测通过，生产过程绝不用农药、化肥、动物生长激素或荷尔蒙；产品上市前，须再次抽检有无农药物残留、肉品有无抗生素或瘦肉精；终端的加工、储存、包装生产线与运输设备的维护和清洁，这些环节也需注意。

Q 如何确认购买的有机产品有没有经过认证？

A 市场上所谓的有机产品真的就是有机的吗？实际上，只有经过国家认可的有机认证机构认证通过并授予有机认证标志的产品才能称之为有机产品。目前，我国共有23家认证机构，国际上常见的有机认证标志也有20余种。此外，消费者可由认证网址查询到养殖资讯，确保所购买的是无毒、安全、安心、符合国际食品卫生安全规范的优良产品。了解有机产品的认证过程后，今后看见路边的售货车挂着"产地直销、有机栽培"的广告时，请持有谨慎的态度，看看认证标志吧！

美国USDA有机认证

中国有机产品

德国有机认证

欧盟有机认证

台湾有机农产品

印度俗谚："吃错食物用药就没意义，吃对食物就不需要药。"

分辨"真食物"与假食物的4个方法

"眼望"、"鼻闻"、"手摸"、"口问",拒绝再被骗

对于食物真假,别再漫不经心

正常人每天约负载700种化学物质,主要遍布于食物、饮水及清洁用品,其中绝大多数在我们祖父母的年代还未被研发出来;甚至可以这么说,那个时代吃的黄豆、玉米,可能都和我们吃的不一样!

像是美国孟山都公司原本是有机磷除草剂的制造商,后来,因推广基因改造作物,现在在全球农业生产的比例极高。**基因改造作物固然让粮食产量增加,却也衍生出众多争议,基因改造作物对健康的危害已成为全世界共同关心的隐忧。**

揪出假食物,为健康清除地雷

你知道市面上很多豆类作物是经过基因改造的吗?你晓得加工食品往往添加了化学物质吗?这些都不是真食物!常有科学家在报道中宣称:"某某物质在小量摄取之下是无害的!"这种论点我向来不以为然。很多标准随着科学进步时时在刷新,今天的安全值到了明天可能会致癌,况且有风险的物质累积数十种、上百种时,**谁知道物质之间会不会交互作用,引发更大的问题呢?**

如果你接受"现在吃没事不等于未来会没事"的论点,请和我一起严格的把关,**利用4个方法揪出假食物,扫除健康的地雷,把它踢出你我的生活。**

方法 ① 眼望→别被"鲜艳色彩"和"完好无缺"的外观蒙蔽

蔬菜类 了解假食物的样貌特征，再通过眼睛观察，就能避免买错。菜虫吃菜和人吃米饭同样天经地义，当你发现菜叶完好无缺、根茎过度膨大、颜色白得不正常，就该警觉这不是真食物。

豆芽菜 ➡ 又白又胖的绝对不能买

每个人读小学时都种过豆芽，还记得它的模样吗？长长的根上有须，茎略短略黄，芽叶有点黄绿色，这是正常的样子。**如果你去市场看到豆芽的茎又长又白又胖，根短无须，芽叶颜色很淡，那是有些业者为了让卖相好、生长期缩短，在种植时加了漂白剂、肥大剂和除草剂，千万别买。**

小黄瓜 ➡ 又直又粗表示喷洒农药

小黄瓜在幼果阶段若被果实蝇叮咬，在生长过程中便会弯曲，有些农民便喷洒农药，让虫根本无法停在小黄瓜上。**如果看到小黄瓜又长又直又粗，说明除使用肥料之外，还可能喷洒了农药。**相同原理的还有茄子和四季豆，如果外观过长、过直、过粗、无疤痕，都可能用了农药。

地瓜叶 ➡ 茎又粗又长、嫩叶又多又大有问题

地瓜叶因抗氧化力和排毒效果良好，摇身一变成为热门蔬菜，基本上它不易得病，不需喷洒农药，然而为了让它蓬勃生长，有些黑心农民会过度施肥，使用生长激素。仔细看，地瓜叶的长相和从前不太一样，**尤其是粗茎部分；如果粗茎很肥很长，嫩叶又非常多，往往是生长激素造成的，最好别买！**

▶ 好的豆芽菜，茎较细，很容易折断。如果在市场上看到茎又白又胖，则不要购买。

医学家李时珍："饮食不节，杀人顷刻。"

高丽菜 ➡ 没有虫蛀洞，表示农药残留高

高丽菜很甜，在生长阶段菜叶层层包覆，为避免虫害，农民会喷洒农药，有些人以为剥掉最外层的菜叶就安全了，那是不正确的。**如果高丽菜完美无瑕，一个虫蛀洞都没有，表示农药残留量很高**。同属十字花科的青菜，例如小白菜、上海青、结球莴苣等，请以相同标准来审视。

菇类 ➡ 颜色太白，就是添加漂白剂

现在菇农大都以木屑太空包来栽培，用药的情况已改善很多，然而菇类蛋白质含量高，采收后须在7℃的条件下运送，否则会快速酸化产生异味，颜色也会变黄，于是有不良业者为卖得好价钱，**用漂白剂来掩饰酸败**。杏鲍菇、洋菇、金针菇、秀珍菇、雪白菇等过于雪白，都有漂白的风险。

白萝卜 ➡ 过于雪白，往往含有荧光增白剂

萝卜种在泥土里，泥土不是白的，为什么萝卜会白得发亮？事实上，正常的白萝卜会微黄，**如果颜色雪白，极可能是经过漂白，经检验往往含有荧光增白剂**。同样问题也出现在白芦笋、莲藕、葱白等农作物以及加工食品上。

蒜头 ➡ 蒜瓣较大，大多是进口蒜头，品质难控制

蒜头自古被视为有疗效的食材，中西皆然，它含有大蒜素，可杀菌、消炎、提高免疫力、预防动脉硬化。因气味刺鼻，蒜膜又不易去除，剥蒜头是很多主妇的梦魇，所以大家喜欢购买蒜瓣较大的以方便处理。**目前市面上有很多**

◄收白萝卜时需要花费极大力气，且会带些泥土。因此选购时，最好选带点泥土的，它可能没被动过手脚。

进口蒜头，颗粒虽大，**香气却远逊于本地的，加上进口国的土地污染和用药状况难以掌握，**因此我建议最好选择本地产的蒜头。

水果类
基本上，如果有泛黑现象，代表真菌在作怪，请绝对不要吃；至于大得出奇的个头也不建议购买，这些都不是真食物。

凤梨 ➡ 太大颗、鳞目又胖又圆不能买

凤梨富含酵素，好吃又适合入菜，是医食兼优的水果，它的品种多，香气也不一样。**如果个头大得离谱、鳞目又胖又圆，我就不会买，**因为有些果农为了让凤梨长得更大，并缩短收成时间，会施用生长激素。

芭乐 ➡ 选有机芭乐最安全

以前的芭乐经常看得到粉末，那是介壳虫侵袭的证据，如今这种情形相对少了，你觉得是为什么呢？芭乐属于表皮较粗糙的水果，种植过程中，有些果农会套袋，有些则不会，**若担心农药残留，最好将果皮削掉不吃，**但我更推荐选购有机芭乐。

草莓 ➡ 巨无霸的草莓，往往添加生长激素

以我国的气候和土壤条件，种出的草莓不至于太大颗。如果看到巨无霸体形的草莓，须怀疑是否使用生长激素，**这时只要将草莓切开，倘若果实中心点是空洞的，就可能用了生长激素。**

◀ 过大的草莓虽然漂亮，但暗藏危机，倘若切开后发现有空心，就千万不能吃！

英国俗谚："饮食有度，医药无缘。"

香蕉 ➡ 外观没有黑点，有浸泡防腐剂之虞

香蕉从采收到卖至消费者手中，大约历时 1 个月，采收之际果实仍然青绿，在这个月里才逐渐黄熟。有些果农为了让香蕉完好不受虫害，会浸泡杀虫剂，农药便透过果皮渗入果肉。**买香蕉时，如果外观没有丝毫黑点或损伤，我会怀疑是不是被浸过药物。**

肉类及加工制品类 肉类和加工制品的安全性很难确保，但有些迹象可供我们判断"这绝不是真食物"。

熏制肉品 ➡ 色泽太红艳，绝对不能购买

肉类加工品一定会添加亚硝酸盐，这是为了抑制肉毒杆菌，同时增强肉品色泽。一点点肉毒杆菌就会致命，所以多数人认为亚硝酸盐是"必要之恶"，却忽略"必要之恶"依然是恶，它在人体内很容易被转化成亚硝胺，一旦超标就致癌。**不管是火腿、培根、香肠、热狗，只要色泽太红艳，都绝对不要购买。**

肉松／鱼 ➡ 颜色鲜艳得太均匀，代表有加入添加物

肉松和鱼松是用猪肉和鱼肉，加大量油、盐、糖炒制而成。为延长保存期限，有些业者添加防腐剂或亚硝酸，有些业者则为节省成本而添加豆粉。**如果颜色太鲜艳、太均匀，代表加了亚硝酸和色素，不建议购买；猪肉纤维较粗，肉松应该成丝，如果看起来很碎，代表掺入过多豆粉；**鱼肉纤维较细，鱼松一般不会成丝，粉状物会比肉松多。

◀ 好的香肠色泽应呈自然肉质色；过于鲜红，有可能是加入色素。

鸡蛋 ➡ 蛋壳光滑、厚薄不均的不能买

　　鸡蛋的"净蛋白质利用率"非常高，蛋黄中还有卵磷脂，是很棒的食材。尽管常被抽检出残留动物用药，但这无法通过肉眼观察而发现，我们所能做的，是向采用人道的饲养方法进行喂养的养鸡场购买（不过度拥挤、不剪鸡喙、不强迫喂食），**并在挑选时避开以下状况——蛋壳有裂纹（代表细菌侵入）、蛋壳光滑薄透（代表不够新鲜）、蛋壳厚薄不均（代表母鸡很老了）。至于敲开蛋壳后，外层蛋液应如水般清澈，内层蛋液要像透明果冻般浓稠，蛋黄则应质感浓醇、无腥味**，具备这些条件，才是新鲜的好鸡蛋。

海鲜类 掩饰不新鲜的状态、添加有毒化合物防腐，都是海鲜类的大问题，这些假食物会荼毒健康，甚至危及性命。

牡蛎 ➡ 外形不完整，颜色太灰白不能买

　　近年沿海养殖水域饱受污染，除了重金属含量过高之外，并不时检验出含有硼砂、防腐剂。**如果牡蛎的外形不完整或看起来稀烂破碎、颜色灰绿或死白、浸泡的水特别混浊或有臭味，都不建议购买。**

文蛤 ➡ 壳色淡白、有斑驳状况不要买

　　每颗文蛤的颜色和纹路都小有不同，但消费者大都喜欢买壳色较淡的，**所以有些商贩干脆将文蛤放入过氧化氢和盐酸中浸泡，很快就从黑色变成米白或淡黄色。**如果看见文蛤壳色很淡，且表面没光泽，甚至有点斑驳，那么请提高警觉！

▶ 新鲜鸡蛋，蛋液应如水般清澈，蛋黄部分则要浓稠且完整。

阿拉伯俗谚："天下有千种疾病，却只有一种健康。"

11

专家这样选

选购乌鱼子的两大要点

在选购乌鱼子时，我的标准很简单，掌握"要点：❶用养足三年才收成的乌鱼子；❷纯手工日晒。"

▲ 我曾到养殖场参观，并亲自参与乌鱼子的制作过程，虽然费时又费工，但口感一极棒。

乌鱼子 ➡ 形状对称，颜色太均匀不要买

乌鱼子是用雌乌鱼的卵囊，以手工盐渍、日晒、压制而成，制作过程复杂且耗时多日，所以价格居高不下。雌乌鱼的卵囊有天然的膜，当膜破掉时，有人会以猪肠膜来代替。

坊间有些厂商会将鱼卵灌入猪肠膜，压成乌鱼子形状，鱼目混珠来出售；也有厂商为降低成本、提高产量，缩短日晒天数，因日晒不足衍生的问题，便用防腐剂来预防发霉、用色素来增色、用人工调味剂来掩饰腥味。**如果发现乌鱼子的颜色太匀称，或形状极为对称，就值得存疑。**

鲜鱼 ➡ 鱼鳃颜色太红，要保持存疑

以前婆婆和妈妈都说买鱼要看鳃，鳃色红表示新鲜。现在这招不灵了，因为检测部门抽检时发现，某些厂商用一氧化碳处理生鲜鱼类，借由一氧化碳和血红素结合，使鱼肉、鱼鳃看起来红润，甚至连不新鲜的气味都被掩盖，令人难以分辨。还有些鱼贩为了让鱼保持新鲜的模样，**将鱼浸在添加了甲醛的水中**，消费者很难再用肉眼判断新鲜与否。**我建议购买有生产履历的鱼，养殖户会写得清清楚楚**，此外，真空包装的鱼比铺冰保鲜的鱼让我放心；大型鱼如果是解冻后分切再冷冻，我则不会购买，因为反复解冻、冷冻会滋生细菌。

专家这样选

外表鲜艳的鱼，有可能是泡过防腐剂

▲ 有些商人为了延长鱼的保鲜时间，会放入添加了甲醛的水里泡一下，令人难以分辨。

▲ 选择购买有生产履历认证、真空包装的鱼，才有品质保证。

方法 **2** 鼻闻→别以为有"酸味"、"海味"就是正常的

每种食物自有其味道，添加化合物后，往往会造成气味改变，这也是我们辨识假食物的线索。

海味干货类 我们所吃的海产类，除了以冷藏、冷冻保鲜，制成干货的也占很大一部分。制作过程中如果添加不好的东西，味道闻起来就会刺鼻、不舒服。

鱿鱼干 ➡ 鱿鱼又厚又脆，不要吃

选购时，先以味道来判断，闻起来不要有刺鼻的霉味。另外，你可曾纳闷小吃摊的鱿鱼为何又厚又脆，我们自己却发不好呢？**关键在于很多店家用药水发泡。**我不建议购买发好的鱿鱼，宁愿买干货花时间浸泡，至少是安全的。

干燥的干贝 ➡ 颜色特别白、气味刺鼻，拒绝购买

干贝干货的问题非常多，为了好看，无良业者会用过氧化氢（双氧水）保存、用甲醛防腐、用漂白剂将原本的土黄色变成米白色。**选购时，如果颜色特别白、闻起来有刺鼻味，别买就对了。**

虾米 ➡ 将虾米折断，如有刺鼻味不宜购买

市面上进口和走私的虾米很多，外表看起来漂亮，却含有很毒的致癌物。经抽检发现，很多虾米是用廉价的小虾晒干，再用工业色素染色，要红色、要橘色、要黄色，任君挑选。**购买前，可尝试将虾米折断，看里层和外层颜色有无落差，或是泡水看会不会褪色，并闻闻有无刺鼻味，若有上述情况则不宜购买。**小鱼干也请用同样的标准来把关。

◀ 挑选虾米时，要将虾米折断，观察有无色差及刺鼻气味。

珊瑚草 ➡ 颜色雪白，恐有漂白的问题

珊瑚草又称为盐草，自古被视为可延年益寿的食物，因富含胶原蛋白、酵素和多种矿物质，遂有"海底燕窝"的美称。珊瑚草的天然味道和海藻类似，然而为了卖相，很多厂商刻意将它漂白。**购买前请先闻一下，若有药水味就别买，且料理前至少先用热水汆烫两次才安全。**

海鲜类 有些业者在出售海鲜之前，会用"甲醛"等化学剂来防腐、杀菌和漂白，这时通过嗅觉可以察知。

虾子 ➡ 泡过甲醛水的虾，有股臭味很明显

虾子光看颜色还不够，最好闻一闻，因为有些商贩为了让虾子看起来新鲜，**便用甲醛浸泡过，那股臭味很明显，可闻出端倪。**

新鲜鱼类 ➡ 如果有腐臭味或药味，就不能买

古人毒鱼是用藤类植物把鱼迷昏，现代毒鱼集团手段太凶残，会使用"氰化钾"来把鱼毒死；氰化钾是剧毒，摄入体内会中毒，甚至死亡。另外，有些养殖业者为快速处理鱼群生病的问题，以"硝基呋喃"、"氯霉素"投药，这些药物残留在鱼身上，人吃了之后会容易致癌或引起血液疾病。**建议买鱼时，不要只看鳃红不红，还要闻闻是否有腐臭味或药味。**

腌制类 腌制品有其特殊风味，传统做法是用盐让食物软化和出水，借此延长保存期限。现在很多腌制物会添加化合物，有些通过嗅觉即可发现。

▶ 珊瑚草应为微黄色，若看到太过雪白，则要避免购买。

榨菜 ➡ 漂白剂用闻方法的就知道，一定要特别注意

榨菜的原料是大芥菜的底茎，属于瘤状突起，制作过程需以重物压榨，所以称为榨菜。为了好吃，通常会以过多香料调味，而且钠含量超出正常值；因水分多、容易腐败，不良厂商便添加乙二烯酸钾（防腐剂）；**为了让颜色好看，漂白剂也加进来起作用——用闻的方法便会知道**，这种榨菜已变成化工产物，绝不是真食物。

笋干 ➡ 闻起来太酸、刺鼻就不建议购买

真正的笋干是用麻竹笋，历经清洗、水煮、发酵、晒干的步骤而制成，它的味道应该是清香，而非刺鼻。为缩短制作时间及确保制作的成功率，**有些厂商会添加醋精**，这对身体当然有害。购买前先闻过，若觉得鼻黏膜不舒服，就不建议购买。

方法 ❸ 手摸→感受食物的"弹性""厚膜"及"黏性"

每种食物有其特质，当手感好到不正常的程度，就得小心了。

虾仁 ➡ 摸起来太有弹性，就是有问题的

为了让虾仁有弹性、不软烂，有些鱼贩会添加硼砂；**如果摸起来太有弹性，请最好不要购买**。事实上，我建议大家最好不要购买剥好的虾仁，应该购买新鲜的虾子，回家自行剥壳。

◀ 有些笋干会添加醋精，购买前要先闻一下（图为无毒安全笋干）。

米面制品 ➡ 放着都不会变硬，表示掺有变性淀粉

为了方便制作及降低成本，同时满足口感，有些厂商在制作面条、米粉、面包、馒头时，会加入变性淀粉。面条烫熟、馒头蒸好之后，**如果放着都不会变硬，即表示掺有变性淀粉。**

海带 ➡ 看起来太绿、摸起来软烂都不宜购买

买海带之前最好摸摸看，**太软表示用药水发泡很久了，建议选择较硬的；避免挑选深绿的海带，因为大多是用工业增色剂（铜叶绿素）处理过。**非买不可时，用水冲洗后再浸泡一段时间，烹煮前再度冲洗干净，以免有药剂残留。

木耳 ➡ 没有蒂头、摸起来又厚又软的不能买

看到过于大片的木耳最好摸一下，如果摸不到蒂头，而且**又厚又软会粘手**，极有可能是用药水发泡的，我不建议购买。此外，由于黑木耳售价太低，农民不愿意送工厂进行干燥处理，所以多数是放在阳光下曝晒，因此容易有污染的问题。购买时，还是要找信誉良好的商家才能安心。

贡丸／鱼丸 ➡ 压下去就弹起来的丸子，绝对不能吃

如果贡丸、鱼丸看起来很白、闻起来很香，用手摸摸看吧！好的贡丸按压时肉质会陷入，不会立即回弹：**如果摸起来像弹力球的丸子，可能含有大量"黏着剂"和"硼砂"，千万别吃！**

◀ 选购贡丸时，要记得轻压，感觉一下肉质会不会太有弹性。

方法 **4** 口问→ "食材产地" 及 "生产履历" 的标章

我在买东西时，一定会问食物来自何地？是本地生产或进口？是哪个季节的收成？有无生产履历？知道这些讯息后，我才能判断能不能购买。

食材产地 现在有些人喜欢吃进口米，但质量上难以得到保证。对于输入国，我们无从了解其农渔畜牧业的全貌，但留意国际新闻动态，仍可一窥其种植和养殖环境，当某国疯牛病、口蹄疫肆虐，或土地遭受除草剂危害时，就应避免购买。

米 ➡ 尽量不买外国米，品质难以保证

米的种类很多，一般人顶多知道糙米、糯米等的差别。市面上充斥的进口米可能来自美、越、澳、泰等国，**购买时最好询问米店老板或看清标示**，尽量支持本国米农，让粮食的自给率提高。此外，除了关注新旧米、制造日期，米店的保存方式、环境通风状态、是否真空包装等，也都值得参考。

茶叶 ➡ 要问清楚产品来源，以免被骗

我知道少数茶农在种茶时，曾把化学香料拌入土里，或在**做茶时放香豆素来增添茶香**，可惜这些无法透过眼睛、鼻子来得知。我认为通过多问、多请教，了解茶叶的产地和栽种时间，是消费者能捍卫自己权益的方法。

◀购买茶叶时，不仅要问清楚产品的各种情况，同时闻闻看有没有酸味，才能安心。

专家这样选

标准的"生产履历"标章怎么看

【检视生产履历4步骤】

生产履历就像是农渔产品的身份证，记录种植或养殖过程，其特色是透明化，且有政府随时抽检把关。透过生产履历，我们可以检视4个部分。

❶ 看产区地点

看看标注产地是否以种植该作物为主，并做合理的怀疑，例如姜种在山坡地才对，怎么会是平原？海水养殖的鱼，产地居然在山溪源头，难道不奇怪吗？

❷ 看检验项目

政府规定有不得检出的项目，生产履历上应标注清楚。

❸ 看养殖时间

通常而言，海水养殖比淡水养殖需较长时间，例如用淡水养虾90天就成熟，用海水养虾则需4.5～5个月。

❹ 看用药记录

农作物用肥、畜牧养殖业防疫、用药的种类和过程等，都会加以记录。

▲ 产销履历验证通过的产品标准范例

为什么会有假食物

3大原因，让假食物端上你家餐桌

假食物泛滥，其实是三方的责任

市面上假食物充斥，媒体多将矛头指向制造者，然而我想提醒大家，所谓市场机制是制造者、经销商和消费者三方面共同促成的结果，换言之，大家都有责任。

促销单中，"安慰食品"占大比重。

我曾经研究过百货公司超市、大卖场的促销单，上面的食物约有85%属于安慰性食品（如布丁、蛋糕、巧克力、薯片），食材只占15%，其中还包括已加工食品（如粽子、贡丸、水饺、烤鸡）。

厂商愿意配合促销，有利可图是主因，从另外一个角度看，也代表消费者乐于买单。在商业广告的洗脑下，太多人习惯用安慰性食品来舒解压力、排解无聊，甚至用来喂养和犒赏小孩，这样下去，大家的饮食只会越来越失衡。

原因❶ 制造者迷思→贪图利润或方便

制造者做出假食物，有时是因贪婪想赚取更大利润，有时是因贪图方便想简化制作流程，但无论哪一种，都不可取。

真米粉的制作耗时费力

以纯米粉为例，其原料只有米和水，但做法相当烦琐——先将收成的新米放进谷仓屯放9个月至一年，等水分自然蒸发变为陈米；取出米泡水一整晚，研磨成米浆，再用重物沥压出水分成米块；米块搓揉后蒸制，然后捣碎再搓揉，压成细条状的米粉；把米粉放入蒸笼蒸熟，整理好晾干，通过风吹和日晒让筋性（弹性）产生，才算大功告成。我询问过工厂，按此标准去落实，3天才能制作250千克"真米粉"，既耗时又耗力，且口感无法与市售相比。

假米粉为什么没有米

前阵子新闻报道小吃店被检出有含米过少、甚至不含米的假米粉，是用大量"玉米淀粉"取代米，又添加了"明胶"。制作步骤极度简化，只需把玉米淀粉加热水放入机器中搅拌，再以成形机器做成米粉，经快速干燥机处理就完成了，轻轻松松，一天就能制作250千克"假米粉"，而且做出的米粉弹性好，深受消费者的喜爱。如果没有职业道德，一心贪图近利，只想要轻松或迎合市场，便不难想象会选择哪一种做法。

"玉米淀粉"是玉米加工的副产物，价格比米低廉，营养也较差，有时厨师会用它取代太白粉来勾芡。有些工厂在制作玉米淀粉时，便加入"亚硫酸盐"进行杀菌和漂白，用这种玉米淀粉制作米粉，吃进肚里可不是只有消化不良的问题，还会累积毒素。

◀ 制作"真米粉"过程烦琐，3天才能制作250千克的分量，既耗时又耗力。

法国作家巴尔扎克："规律生活是健康长寿之秘诀。"

标榜"天然酵母"的面包为什么能规格化

很多面包业者标榜使用天然酵母,是使用"速酵母"还是自制天然酵母?那么面包店使用自制天然酵母的比例又有多高,我保持怀疑。真正的天然酵母是活菌,只要是活物就有差异性、有脾气,也会受温度、湿度影响,外在条件一改变,结果就会不同,甚至可能发酵失败。如果面包都使用真正的天然酵母制作,而面包大小口味却永远一致,那就真的很厉害了!

为了追求口感稳定、味道一致、尺寸规格化,有些业者舍弃自制天然酵母,使用化学发粉或是速酵母,这不仅轻易达成前述要求,还能节省成本、降低失败率,但代价是做出的面包比较不健康,可能引起过敏或胃酸过多而胀气等症状。

原因 ❷ 经销商迷思→为了刺激销售

经销商联结制造者和消费者两端,本来肩负着沟通协调的职责,但为了省事和利润取向,往往一味要求制造者妥协、诱使消费者掏出更多钱,这是很令人感到遗憾的事。

鲥仔鱼够白就好卖

鲥仔鱼不是一种鱼,而是一两百种鱼苗的统称。市面上所看到的鲥仔鱼几

▲ 白皙的鲥仔鱼,常是经销商要求渔民"加料"的结果,以卖得好价钱。

乎都是熟的,因为渔民捕捞之后就在船上将鱼苗煮熟,为的是煮熟后的鱼体会变灰白,才看不出是多种鱼苗混杂在一起,卖相比较好。**由于消费者偏好又白、又大、又完整的鲥仔鱼,经销商便要求渔民"加料",煮鱼时放入漂白剂或荧光增白剂,把鲥仔鱼煮得雪白**,回到渔港才能卖到较高的价钱。

为何不推广食用油用途

食用油种类繁多，营养成分不同、冒烟点（加热的油开始产生烟的最低温度）也有区别，适用的烹调方式自然不一样。一般植物油的冒烟点平均约在150℃，适合凉拌或水炒；特级初榨橄榄油的冒烟点为210℃，远高于油炸食物最理想的温度180℃，加上它的"游离脂肪酸"极低，相对较为稳定合适。使用特级初榨橄榄油来油炸食物只需少量，因为它具有再加热时油量会增加的特性。

教导大众认识食用油是一项大工程，相比之下，经销商更乐意强力推销高利润的油品，例如在广告里强调"特级"、"冷压"、"不饱和脂肪酸"、"有利心血管"，消费者就愿意付较多的钱。经销商未必会说谎，但可能只说出部分事实，就足以干扰消费者做正确判断了。

专家这样选

买到好油，也要用对方法烹煮

市面上琳琅满目的油品种类，有大豆油、葵花油、调和油、清香油……几乎都标榜健康功效，究竟哪种油才是最佳的食用油呢？答案是：多准备几种油品，根据烹调方法选择，才不会氧化或产生毒素。

▲ 冒烟点低的油，仅适合拌炒或水炒，例如：葵花油、亚麻籽油。

▲ 常用的冷压橄榄油、花生油，只适合中、小火炒的烹调方式。

▲ 若需要煎鱼或炒菜，用苦茶油及特级初榨冷压橄榄油较好。

原因❸ 消费者迷思→追求物超所值

万幸的是，买或不买、吃或不吃，决定权掌握在消费者手中。除了要有追求真食物的决心，也需调整观念，把偏差修正过来。

别迷信"完美无瑕"

有些主妇买菜很认真，小黄瓜要头尾一样大小、茄子要选没疤痕的、四季豆要挑笔直的，认为挑出完美无瑕的东西，才能物超所值。这种观念放在追求真食物的路上，有待商榷。

植物生长于自然环境，昆虫亦然，在不使用化学农药的情况下，要农作物百分之百无虫、无缺陷，其实很困难，所以美国政府对食物里的昆虫部位和数量上限有所规范，例如100克的花生酱里允许有60片昆虫碎片、100克的番茄酱里允许有2条蛆……这样的观念，国人恐怕还需相当长的时间才能适应。

杏仁在果实成熟时，外壳会裂开，此时若有昆虫光顾，杏仁果就不会完

▲ 经过认证的蔬菜，在不使用化学农药的情况
下，几乎都有被虫蛀过的痕迹。

◀ 在选食物时，最
好眼观、鼻闻，
才不会让假食物
端上桌!

整。我所选择的"无二杏仁果"，原料符合原生产地美国的规范，在台湾地区以盐和乌龙茶及木炭烘焙，还通过"瑞士商台湾SGS检验"合格，但我仍不敢保证每粒杏仁果都完整无缺。因为是符合国际检验标准的严选零嘴，绝大多数消费者都能接受极少数果粒小有缺陷，但仍有少数人坚持"只要有一颗不完整就是劣质品"，对此想法我也只好悉听尊便了。

"方便取得"需付出代价

你自己削好的水果如果放置太久，苹果、梨子即使泡过盐水还是会氧化，芭乐口感不再清脆，西瓜也会变得软烂吧！

然而很多水果店、超市商贩卖削好的水果盘，即使久放也能保持鲜脆，颜色鲜艳，这是怎么回事？

有些不良业者利用保鲜剂来维持水果的新鲜模样，或将切好的水果泡入**添加过氧化氢（双氧水）的水中**，达到杀菌效果。

我想提醒大家，尽量少买切片水果，改买整颗完整的自行清洗和削皮，虽然麻烦，至少能吃得安心健康。

▲ 夜市常见的切片水果，不良商人为了要保持新鲜，会将切好的水果泡过过氧化氢再贩售。

▲ 选择好食物，就要接受有"缺陷美"的真实模样。

法国俗谚："与其求医服药，不如买菜吃肉。"

第4课

假食物里的"毒"会带给身体伤害

4大毒素来源，一步步啃噬你的健康

毒素 ❶ 水产养殖

养殖环境来自周边土壤或水源的污染、重金属残留问题、饲养过程因无知或私利而滥用药物、运输途中添加保鲜剂延长保鲜或以杀菌剂防止腐败、商贩售卖前以化合物掩饰不新鲜……这些都是水产类的毒素来源。

虾子 ➡ 吃虾过敏，是因为养虾饲料有问题

虾子的饲养难度颇高，稍不留意便整池死掉，所以很多养殖业者用药比喂饲料多。有些人吃虾过敏，问题不是出在所含成分，而是因虾子不够新鲜，或对养虾所用的抗生素和药物过敏。

浸泡强力防腐剂，维持虾子新鲜外观

虾子离水死亡后，体内分解酵素会活化，开始分解蛋白质，于是颜色会变黑，肉质口感会变软。人人都想买新鲜的虾子，不良业者便在运送过程中，把

◀ 在市场挑虾时，注意泡虾的水是否有异味。

26

虾子泡在"吊白块"溶液中，利用这种强力防腐剂把虾子的分解酵素破坏，虾子就不会变黑、变软，也不会变坏。吊白块是一种工业化学用料，是甲醛（福尔马林）和亚硫酸的产物，主要用途是染色，不应该出现在食品中。含有吊白块毒素的虾子被吃进人体，可能会引起过敏、头晕、头痛、恶心、呕吐、呼吸困难等中毒症状，长期食用还容易致癌。

为了让虾子看起来新鲜，有些商贩在贩卖之前，会准备一桶加了氨水和蓝色色素的水，把虾子放进去过一下，捞起来就很漂亮。这些毒素若被吃下肚，恐怕会对肝脏和肾脏造成损害。

牡蛎 ➡ 利用泡水、加硼砂变成大颗肥美的样子

大家都知道，牡蛎的主食是浮游生物，养在较远海域的品质比较好。较令人担心的是，通常牡蛎产量供不应求，坊间有很多来路不明的走私货，消费者只能自求多福。

牡蛎的问题大都出在运送。为卖出好价钱，在出售之前，**商贩会先将牡蛎泡水，让它看起来大颗肥美，又能增加质量。真正可怕的是，为了让牡蛎离水之后不变黑，有些不良业者便添加硼砂；硼砂吃进肚子后，经胃酸作用变成硼酸**，如果过量会休克或危及生命，轻微的也会引起腹泻、呕吐，并对肾脏造成伤害。此外，黑心商人自知运送条件不良，在包装时便加入杀菌剂，或用过氧化氢和盐酸来保存，实在可怕。

◀ 在购买牡蛎时，要特别小心装袋的水，
有没有问题！

印度诗人泰戈尔："大自然的药铺里有许多种止痛剂。"

文蛤 ➡ 过氧化氢和盐酸帮文蛤美白

许多人以为如果栖息地干净，文蛤的壳就会较白，这是无稽之谈。用纯海水养殖的文蛤，壳色比淡水养殖来得深。有些鱼贩为了让文蛤卖相好，在水里添加过氧化氢和盐酸，直接给文蛤美白，很轻易便将外壳漂成白色或淡黄色。用这样的文蛤煮汤，不仅无法清肝解热，还会诱发癌症。另外，重金属污染对文蛤而言，砷和铅最为严重，前者可能造成泌尿系统癌变，后者容易造成肾脏病变、贫血、孕妇早产、儿童智力受损等问题。

鳗鱼 ➡ 多为走私货，品质难把关

鳗鱼不管白烧、红烧或蒲烧都很可口，是高蛋白、高脂质的好食物；鳗鱼脂肪含有EPA和DHA，前者可降低胆固醇、预防心血管疾病，后者有助于脑部细胞正常运作。蒲烧烹调是最受欢迎的吃法，但蒲烧鳗鱼加工很麻烦，为了用平价吸引消费者，往往不会拿最好的原料来制作；制作过程须使用大量调味剂，又高盐、高糖，吃多了肾脏负担过重。

鳗苗很贵，成鳗又值钱，为确保养殖成功率，须小心处理细菌和寄生虫问题，有良心的业者会从环境控制做起，非不得已才用药和抗生素。然而对于走私货，实在难以检测和把关。

◀ 左图为漂白蛤蜊，右图则是野生蛤蜊。吃到黑心蛤蜊可能会造成身体功能的受损。

头足类 ➡ 重金属污染最严重，吃多易致癌

头足类包括鱿鱼、鹦鹉螺、乌贼、章鱼等，这类海产"食物里程"大都很长，问题相对也多。因来自远洋，又有季节性，渔船一捕捞到会直接冷冻，因此设备好坏、人手多寡、处理速度都在影响着新鲜度。

再者，**海洋环境遭受重金属严重污染，以头足类含量最高，吃多了会有急性或慢性中毒、肝肾功能衰竭、内分泌失调，以及诱发癌症的风险。**

鱿鱼的干燥处理是为了方便保存和运送，我建议大家自行泡发鱿鱼。买这类海鲜时，如果有检验报告，请参考挥发性盐基态氮量（该食物由微生物或酵素作用所产生的胺类和含氨产物总和），通常挥发性盐基态氮量越高，代表水产越不新鲜。

秋刀鱼 ➡ 易有重金属污染，难以检测

秋刀鱼、鲭鱼等具流线型身体的鱼类，血氧量都很高，一离开水面迅速变色，也腐败得特别快。基本上，这些鱼一离水最好立即冷冻保鲜，否则必须整个泡在冰块里，而不是放置在冰块上。日本的地震引发福岛核能电厂辐射外泄，造成海洋污染，很多鱼类受波及。人们每年在北太平洋捕获十几万吨的秋刀鱼，**但落实抽检的数量实在有限，在无法确知有没有辐射污染的情况下，我尽量不给孩子吃没有经过检验的秋刀鱼和鲭鱼。**

专家这样选

头足类鲜度判断法 ➡ 挥发性盐基态氮数值

挥发性盐基态氮数值	新鲜程度	挥发性盐基态氮数值	新鲜程度
<5mg/100g	非常新鲜 👍👍👍	20~25mg/100g	尚可接受 👍
5~20mg/100g	新鲜度佳 👍👍	>25mg/100g	拒绝购买 ✗✗✗

鲷鱼 ➡ 腐鱼利用一氧化碳 "美化" 变鲜鱼

鲷鱼的 "换肉率" 和抗病力都不错，所以价格平易近人。有些厂商会灌入一氧化碳后再抽出气体做真空包装，让鲷鱼肉看起来红润。一氧化碳是气体，抽出和挥发后不会对健康造成伤害，问题出在有这项 "美容武器" 后，**不良厂商把不新鲜的鱼拿来 "美化"，照样进市场销售，很多人吃到这样的鲷鱼就过敏了**，但非对一氧化碳过敏，而是对不新鲜的鱼肉过敏。

大家总认为淡水养殖的鱼有土腥味，海水养殖就不会，其实不尽然。鱼之所以有土腥味，多是管理不当，如果能落实下雨过后3至5天内不收成，状况就能明显改善。

石斑鱼 ➡ 喷洒有毒的杀菌剂，会导致畸胎和癌症

石斑鱼的问题出在饲养，当养殖密度过高、水池管理不佳，很容易衍生细菌和寄生虫，这时养殖户会经不起药厂业务的劝说，把药当饲料撒；这些药厂业务员还扮演 "鱼医生" 的角色，自行配药，一口气用多种化合物，这些药物残留在鱼身上，再通过饮食进入人体，将是很大的健康危机，对环境的伤害也影响深远。

▲ 只要降低养殖密度，自然有肥美的石斑鱼可收成，不须靠药物。

曾有质量检测部门在某些养殖的石斑鱼体内检验出 "孔雀石绿"，引起极大恐慌。**"孔雀石绿" 是三苯甲烷类的工业染料，养殖户拿它当杀菌剂，处理寄生虫、细菌、真菌问题**。科学家已证实，"孔雀石绿" 会导致畸胎和引发癌症，且无法通过清洗和烹煮来消除毒素。

带鱼 ➡ 添加甲醛或保鲜剂，易产生中毒反应

坊间的带鱼，有些是白带，有些是油带，从外观和肉质上很容易辨识——白带的肉质较松软，油带的肉质较粗糙；白带的眼睛外围透明无色，油带的眼睛外围是黄色。带鱼属于深海鱼，一被钓起来就因压力急速变小而死亡，所以必须马上冷冻或泡在冰块里保鲜，否则细菌就开始滋生。**有些走私渔船将带鱼浸泡在添加甲醛或其他保鲜剂的水中，这些毒素会引发中毒反应，导致恶心、呕吐、气喘、肺水肿、肝肾衰竭，更有可能致癌。**

螃蟹 ➡ 雪白的蟹肉，原来是添加漂白剂

螃蟹一旦死亡，细菌便大量繁殖。我从不买夜市的蟹脚，无论蒸或炸，只要料理完毕搁着，就很容易会腐坏。

饲养螃蟹除了用饲料，还可以喂食碎鱼或腐肉，因此螃蟹本身的细菌数量较多，绝不适合生食，不但有肺吸虫，还可能引起食物中毒。**为了消毒养殖池，养殖户常会使用甲醛，至于鱼池旁的杂草，则可能被喷洒除草剂，再加上土地可能存有农药或化肥，大雨过后，除草剂、化学物质被冲刷进池子，螃蟹也跟着被污染了。**此外，为了让螃蟹看起来美味新鲜，**会加入漂白剂让蟹肉看起来雪白。吃下这些被污染的螃蟹，毒素可能导致细胞组织病变，引发癌症。**

◀ 螃蟹吃腐食，因此含菌量高，要小心挑选，以免引起食物中毒！

毒素② 畜牧养殖

为了让畜养的动物不至于集体染病，拥有完美的瘦肥比例，提早性成熟，提高肉类或奶、蛋产量……有些不良养殖户便会使用不该用的药，这便是畜牧养殖的毒素来源。

猪肉 ➡ 添加瘦肉精、荷尔蒙，造成头晕心悸

现代人注重健康，肥肉不受欢迎，猪农恨不得养的猪每只都瘦肉多、肥肉少、无腥膻味。这个愿望通过混种改良、调整饲料配比，其实可逐步实现，然而自从"瘦肉精"问世，很多畜牧业者经不起诱惑，便选择了捷径。

"瘦肉精"主要被用来促进家畜、家禽的肌肉增长比例，蛋白质增加了，体内脂肪却减少。它的种类多达数十种，其中最为人熟知的是"莱克多巴胺"；据研究，莱克多巴胺可使猪的瘦肉增加5%~10%，饲料用量也能减少。

猪农在饲料中添加"瘦肉精"，猪吃了之后，很高比例会残留在猪肉及肝、肺、肾等内脏，人类如果大量吃下这些肉品，会出现头晕、恶心、心悸、血压升高等症状，心血管疾病患者甚至可能因此发病。

1997年，中国农业部正式公告不得使用莱克多巴胺、沙丁胺醇、特希他林、克伦特罗4种瘦肉精，但令人遗憾的是，还是有人偷偷使用并被检验出。

▲ 真正优良的猪圈环境，是不会投入奇怪的药喂养，此外不会散发令人不适的恶臭。

市场生猪的屠宰贩售流程

❶ 屠宰生猪
上午将生猪运载到屠宰场,晚间10点至12点屠宰。

❷ 运送猪
深夜,将屠宰好的猪送往各个市场,如未做好防护措施,容易有灰尘、风沙附着。

❸ 送达摊商
半夜,猪被分送到猪肉摊位,在肉贩还在睡梦中时,蟑螂、老鼠已经开始活动。

❹ 开始营业
清晨6点钟,肉贩到摊位开始分切,但随着温度上升,细菌也开始滋生。

　　猪至少须饲养7个月以上才会成熟,但有些畜牧业者希望猪长得又好又快,会偷偷使用荷尔蒙和药物。然而依照规定,猪在屠宰前2个月,必须吃不含任何药物、无任何添加剂的"空白料",连酵素都得禁止。

你买的猪肉,
常有细菌滋生、腐败的问题

　　猪肉的细菌滋生问题也是毒素的来源。猪的屠宰时间多在晚间10点至12点,随后被放血、送往市场,约在半夜抵达,然后搁在摊位上,任由蟑螂、老鼠造访,直到清晨6点左右肉贩来分切。等到家庭主妇买回家,可能已经是上午8点、9点了,而大多数人还是会将买回的猪肉送入冰箱。在这10~12小时里,细菌不遗余力地繁殖,**因此我不建议购买这种猪肉,宁可买屠宰后立刻送到十几摄氏度的环境里分切,然后冷藏或冷冻的肉品**。

古希腊哲学家希波克拉底:"让你的食物成为你的药,你的药就是你每天吃的食物。"

牛肉 ➡ 灌水增加重量，瘦肉精问题多

牛是经济动物，几乎整只都能吃、能用。为了增加牛的质量、赚取更多利润，在屠宰之前，有些业者会把水管硬塞进牛的嘴里，把水灌入牛胃，这样可多出20%左右的质量，既残忍又贪婪。

回想起来，从疯牛症肆虐开始，我已超过15年不吃牛肉了。有人告诉我，吃牛肉比较健康，因为它的蛋白质好吸收，而且脂肪比猪肉和羊肉少。但我的想法是，只要猪肉、羊肉少吃几口，脂肪摄取就不会过多了。

我曾在报纸上看过一篇报道，专家发现疯牛症病患体内都有一种编号129的基因，美国人之中40%~50%拥有这种基因，日本、韩国人中约94%有，台湾地区的人民约98%有。如果这份数据正确，我们岂不成了疯牛症的高危险人群？会引发海绵状脑病的疯牛症，致病源很难消灭，无论高温、紫外线、辐射、化学消毒剂都拿它没办法，万一得病目前无药可治……我们何苦冒死吃牛肉？

以前我认为牛吃牧草，是草食性动物，肉质理应洁净，如今我不再这么想。因为有些畜牧业者将牛骨粉、鱼骨粉，甚至将内脏废弃物干燥磨粉后，混入牛的饲料作为营养品，帮牛补铁、补钙以获取更多蛋白质。你认为这样的牛还算草食性动物吗？

当年我和先生受一位长辈启发颇深，在他的影响之下，我们开始戒掉吃牛肉的习惯，也逐渐注意到饮食问题会很大程度地影响健康。换言之，我的食品安全之路，可说是从舍弃牛肉开始的。

牛奶 ➡ 酪蛋白太大不易吸收，难以补到营养

我不喝牛奶超过20年了，骨质依然保持良好，完全没有疏松问题。当初不喝牛奶，是因为喝完会胀气，干脆以豆浆来取代。很多人劝我忍一忍，熬过一段时间或许肠胃就能习惯，但我觉得身体不舒服是种警示，既然它告诉我无法适应，就不该去勉强它去接受不好的东西。

做母亲之后，我对牛奶做了些研究，了解到牛奶的酪蛋白太大了，那不是为我们人类准备的营养。我的孩子们从6个月断奶后，便改喝羊奶（较不易引起过敏），在乳制品方面也摄取得很少，但是他们三人身高都不错，肌肉发育得也很棒，整体发育在平均值以上，证明少了牛奶，成长并不会有问题。孩子当然也有嘴馋的时候，夏天我偶尔会买全脂鲜奶，加入大量酪梨打成酪梨牛奶，这种概率大概一年两次吧！孩子们就很开心了。

◀ 牛奶营养价值虽然高，但不容易吸收，因此，我让孩子喝羊奶，不仅较温和也不容易引起过敏。

鸡肉 ➡ 常吃30天的快速鸡，会增加妇女患癌比例

听说以前只要哪家媳妇有身孕，婆婆便开始买小鸡回家养在后院，七八个月后宝宝出生，正好每天宰只鸡给媳妇坐月子。

"养殖密度过高"是现在大部分养鸡场的通病，为预防传染病（以感冒和肠胃问题居多），**用药是家常便饭，以前大家认为不吃打针部位（脖子、翅膀）就没事，现在养鸡场动辄养几千只、上万只，打针太不符合经济效益，改为将药投入饮水中，这么一来，鸡的身体上没有哪个部位不沦陷。**

不良的养殖户常用的药物，除了用来预防和治疗疾病的抗生素、改善胃肠状态的肠胃药，还有促使鸡赶紧发育成熟的荷尔蒙——以前养鸡往往要半年以上才宰杀，**现在一般只养100天左右**，有些快速成长鸡30天就是它的一生。养鸡需耗费时间成本、饲料成本和药物成本，当饲养期缩短，所有成本和风险都降低，利润就提高了。

为了让鸡的骨架快速增大并长肉，有的养鸡场会在饲料里添加牛骨粉或鱼骨粉，如此一来，疯牛病和重金属残留的隐忧，便转嫁到鸡的身上。这些鸡被吃下肚以后，造成的问题很大，例如女童性早熟、妇女患癌比例增加等，都可能与此有关。

▲ 过去是用针筒给鸡喂药，如今都将药物投入饲料中，造成更多的直接残留，人类食用后，伤害会更大。

鸡蛋 ➡ 鸡肉会有的问题，鸡蛋一样会出现

鸡蛋的毒素，一半来自生蛋鸡的健康不良和药物残留问题；另一半则来自鸡蛋本身的保存不良。

没有健康的鸡就没有健康的蛋，所有鸡肉会出现的问题，同样显现在鸡蛋上。目前大多数生蛋鸡采取笼室养殖，一个宽45厘米、高40厘米、深30厘米的笼子里住了3只鸡，从其闭塞程度足以想象鸡有多痛苦。如此饲养的生蛋鸡，在用药的健康状态下（紧迫成这样，不用药也会生病），平均25小时会生一颗蛋。

鸡蛋很容易受到沙门杆菌污染，所以养殖户收蛋之后，会用机器洗选。一台洗选机上百万元，一般养殖户哪里买得起？只好用较低的价格把蛋交给大厂。**洗选机运作时，他们会在水中加抗菌剂来预防沙门杆菌，至于破掉的蛋就送往蛋液工厂，卖去做蛋卷或蛋糕。**

"褐色蛋壳较健康" 是误传

我想提醒大家，**坊间流传"褐色蛋比白色蛋健康"、"蛋黄越红越营养"，这两种说法其实是不正确的。**我向养殖户确认过，蛋壳颜色和品种有关，蛋黄颜色和饲料有关。实际上，褐色蛋与白色蛋的营养价值大体相当，它们最大的价值是科学的饲养方法和不用药，我深信养得健康与否比品种更值得关切。至于蛋黄，坊间有些颜色鲜艳得过头，是否在饲料中添加天然色素或合成色素，得靠检验才能得知。

▲ 我所挑选的鸡蛋，都属于放养方式，养鸡场每日总产量不超过1000颗。

鹅肉 ➡ 吃喝拉撒都一起，容易暴发传染病

鹅群通常被圈养在水池边，吃、喝、拉、撒都围着一口池塘，饲养密度高，至于鹅舍虽可遮风避雨，但空间十分拥挤，**很容易暴发传染病**。

鹅肉毒素的来源非常多，往往牵涉以下6点：

❶ 饮用水容易被排泄物污染，含大量的细菌和寄生虫。

❷ 饲料最好是"空白料"，然而很多养殖户会偷加"荷尔蒙"和"瘦肉精"。

❸ 消毒鹅舍时使用过多化学消毒剂，这些毒素影响鹅的健康，甚至残留于体内。

❹ 人道的电宰厂有温度控制，私人屠宰却不然，后者的肉质难以保鲜。

❺ 分切和运送必须在低温条件下进行，但真正做到的有限，以致细菌不断滋生。

❻ 熟食贩卖业者将蒸煮或烟熏好的鹅肉暴露在空气中，肉眼看不到的腐坏持续在进行……

这些原因叠加在一起后，鹅肉变成很难防范的毒素来源，同样问题也出现在鸭肉和鸡肉上。

鸭肉 ➡ 瘦肉精问题最严重

细菌滋生　瘦肉精　荷尔蒙

家禽里，鸭肉的瘦肉精问题最严重，关键在于鸭胸价格好，养殖户想养出肌肉发达、油脂不多的鸭，所以瘦肉精的使用问题始终难以杜绝；再加上家禽类的存活率，用药可达到九成，不用药却仅有六成，导致多数养殖户花钱买药以避风险。至于其他问题与鹅肉雷同，请参考前项。

毒素❸蔬果种植

蔬果的生长形式影响着农夫施肥和用药习惯，认识这些特质，有助于我们理解毒素的产生。举例来说，马铃薯、姜、地瓜、红萝卜、白萝卜、芋头等属于地下作物，主要吃它们的根茎，农民多半会施"叶面肥"，叶面长得好，经光合作用根茎也能吸收到养分；其次，土壤潮湿容易腐烂，所以有些农民将防腐剂加在土里，或是使用膨大剂让地下根茎肥大。了解这些后，就会懂得最好不要吃地下作物的叶子，而且一定要削去地下作物的外皮，减少摄取到除草剂和杀菌剂的机会。

马铃薯 ➡ 运送中会喷洒保护剂，以维持表皮完好

冬季里收成的马铃薯特别好吃，种植这种作物需要新地，就是没耕种过的土地。马铃薯最怕腐虫，不用药确实很难种，但我宁可买没用药、没那么漂亮的。为避免马铃薯运送途中因碰撞导致脱皮，或表皮略有皱褶时会不好卖，**有些农民或菜贩会喷洒保护剂，尽量让表皮完好。**马铃薯如有芽眼，不管发芽与否都要挖掉，因为里面的龙葵素会导致腹泻，甚至丧命，而且请切记，马铃薯一定要煮熟再吃。**如果担心发芽，不妨将马铃薯和苹果放在一起，苹果产生的乙烯气体可以阻止马铃薯发芽。**

辣椒 ➡ 表皮光滑，都是用农药喂养而成的

不管是红辣椒或青椒都会吸引介壳虫，农民会使用农药来捕杀害虫，而且除非套袋（甜椒味甜更吸引菜虫，若不套袋会损失惨重），否则只要果实蝇一光顾，辣椒就会长得歪扭难看。**现在的青椒个个外形端正，表皮光滑没有疤痕，可想而知，果实蝇都被农药毒死了。**

中国俗谚："冬吃萝卜夏吃姜，不劳医生开药方。"

姜 ➡ 姜母泡在防腐剂里，再捞出重新种植

姜是很耗地力的作物，种植收成后必须将土地放置回养三年，期间可轮种其他作物，但不宜再种姜。古时候种姜，收成后会把姜母继续留在土里养着，但我国南方多雨水，**姜农会把姜母挖起来保存以免烂掉，但有些不良商人竟然把姜母泡防腐剂，**等地养好再植入泡过药的姜母重新种植。

姜怕虫蛀，毒素来源主要是施放"好年冬"、"防腐剂"和"叶面肥"。我国农业对农药的依赖程度太高，每年用于病虫害防治的农药用量达30多万吨，很多农民不了解作物病虫害相关知识，仅凭感觉和经验用药，并且片面追求速效性，不注意遵守安全间隔期，农产品的质量安全得不到保障。

2013年我国农药实际用量统计表

农药名	用量（吨）
除草剂	100624
杀虫剂	116356
杀菌剂	80336
其他药物	24366

※据中国农药工业协会统计。

玉米 ➡ 容易吃到残留除草剂，导致不孕

玉米是基因改造比例较高的作物，在经济化耕种之下，被刻意培养成"对除草剂有抗药性"，当农民大规模喷洒除草剂时，田里的杂草会死掉，玉米却不会，然而除草剂还是会残留在玉米中，被人吃进身体后，容易引起细胞病变而致癌，还可能导致不孕、流产或畸胎。

玉米的滋味清甜，虫害不少，其中以青虫最常见。在玉米稚嫩时（玉米笋阶段），农夫就开始喷洒加了黏着剂的农药，可附着在叶面上，才不易被雨水冲刷掉，所以除非知道玉米的来源安全，否则我是不吃的。在正常情况下，包裹玉米的叶子应该是青绿色，如果变黄就不新鲜了，而玉米须、玉米叶都可加少许盐煮水喝，有助于利尿、排湿，但前提是没用农药，才不会变成喝农药汁。

玉米在湿热环境，易滋生黄曲霉毒素

即使买回的玉米是有机、无农药的，还是要小心保存，必须包好放入冰箱，因为25℃~30℃的湿热环境容易滋生黄曲霉毒素。玉米一旦产生黄曲霉毒素，无论清洗或蒸、煮、烤、炸都无法去除这种剧毒，吃了可能会诱发肝癌，非常可怕。

▲ 精心种植的玉米，不用农药就能种植出肥美又清甜的好滋味。

中国俗谚："饥不暴食，渴不狂饮。"

红白萝卜 ➡ 表皮光滑、颜色太白都是喷农药的结果

红白萝卜也以冬季收成的较好吃。萝卜容易有吊丝虫,这是一种地下虫,会使萝卜表皮不光滑,甚至产生坑洞,农民往往会用"好年冬"来处理吊丝虫。从前的萝卜常有疤,现在的萝卜表皮却细致光滑,你认为这是为什么呢?

白萝卜的天然原色是微黄,颜色太白可能是荧光漂白剂在作怪。购买时,建议选择带有泥土的萝卜,这样的作物没有被漂白的危险。

十字花科蔬菜 ➡ 有虫蛀才是无农药的好蔬菜

十字花科蔬菜是个大家族,更是高经济作物,虽然全年可收成,但以秋冬两季的品质特别好。十字花科蔬菜含有异硫氰酸酯和吲哚,在抗氧化和抗癌方面成效卓著,其中最受瞩目的有花椰菜、高丽菜、大白菜等。

青虫、毒蛾、吊丝虫是十字花科的常见虫害,事实上这些菜虫除了会让蔬菜长得不漂亮,并不会对人体有什么伤害。为满足消费者"无蛀虫、零缺陷才是种得好"的要求,**很多菜农使用农药来杀虫**,菜虫被杀死、蔬菜被污染、人吃了以后被毒害,如此循环真的比较理想吗?这样的蔬菜即使再漂亮、再可口,也不是真食物。

▲ 我亲自到产地去,发现只要细心照顾作物,不用农药也能培育硕大肥美的白萝卜!

菇类 ➡ 农药液残留在菌盖上，烹煮前应冲洗

菇类种类很多，我们最常看到、吃到的，包括香菇、洋菇、金针菇、杏鲍菇、平菇、秀珍菇等；就形态方面，可分为新鲜菇类和干燥菇类来讨论。

新鲜菇类因采取太空包种植，虫害相对较少，但仍有小黑蚊，所以**菇农会喷洒杀虫剂，化学物质因此残留在菌盖上**。再者，菇农收成采摘，每隔2～3天才会有收菇车来取货，收菇车若没冷藏设备，等菇类送到市场上已经酸败变味了。其实鲜菇的味道是最甜美的。

而**干燥菇类，厂商经常使用二氧化硫来预防变色、用甲醛来进行防腐**，至于走私货就更难判断。烹煮干燥菇类之前，最好先以冷水浸泡、清洗；婆婆或妈妈煮菜时，喜欢将浸泡香菇的水拿来入菜、入汤，这是错误的做法，如果有用药，这碗浸泡汤液正好是农药精华。

瓜类 ➡ 施用生长激素刺激果实长大

施用生长激素刺激果实长大，包括苦瓜、冬瓜、大黄瓜、丝瓜等都属于本类。这些瓜类的生长期虽短，采收期却很长，为保持稳定收成，农民会持续使用"叶面肥"，甚至给予生长激素来刺激果实长大，如果没打算套袋，还会靠喷药来预防虫害。

瓜类的外皮请尽量削掉不吃，削皮之前也要先冲洗，以免污染。特别要注意的是，苦瓜因为不削皮，加上外表凹凸不平，极难清洗，只能用牙刷在流水下慢慢刷洗，才能减少农药残留。

日本俗谚："只吃八分饱，健康不求医。"

芦笋 ➡ 为增加卖相，浸泡漂白剂

美国防癌协会列出30种最具防癌效果的蔬果，芦笋名列其中。白芦笋和绿芦笋是同一种植物，只是生长环境不同——前者埋在地下没晒到太阳，采收必须赶在日出前完成；后者种在阳光底下，进行光合作用后，自然变成绿色。

因种植和采摘太辛苦，白芦笋的产量较少，为了卖相，**有些摊商在出售前，会把白芦笋浸泡加了漂白剂的水，结果，好东西就变成了有毒的食物。**

番茄 ➡ 收成速度快，多是农民下肥很重

番茄的用途广泛，是经济价值很高的作物；因容易腐坏，虫害又多，加上属于连续收成，农民一般下肥较多。

千万别吃未成熟的青番茄，它含有生物碱，吃了以后会头晕、恶心；番茄成熟变红后，生物碱会大幅减少，才是食用的好时机。买回家后，**清洗时请不要把蒂头摘掉，**最好先冲洗蒂头，再整颗清洗，以免农药从蒂头的洞孔跑进番茄里。

▲白芦笋表面易有黄斑，为了卖相，
会被浸泡漂白水（图为无毒有机的
白芦笋）。

柑橘类 ➡ 直接在树根打洞，喂养抗生素

芸香科柑橘属水果是一支庞大的家族，包括柠檬、柳橙、柑橘、柚子、葡萄柚、金橘等，个个富含抗氧化物质，对增强免疫力、抑制癌细胞具有功效。这么棒的水果若能避开有毒物质，对健康是很有益的。但柑橘类果树最容易出现两种问题，一种是黄龙病，另一种是介壳虫害。黄龙病会使果树的叶子枯萎，所以一些农民会在根部打洞，为果树吊点滴，直接用**抗生素来抢救**。

至于介壳虫若在柑橘类的果实上大便，果皮会从那个点开始腐烂，这时果农会赶紧抠掉，然后**喷药或涂药来阻止腐烂蔓延**。这两种情形，药物都会残留在果皮上，甚至渗透到果肉里。

常有人卖现榨柳橙汁，我建议不要购买，因为生意人不太可能把每颗柳橙洗到完全干净，**当他们把柳橙切半用机器榨汁，果皮上的农药会污染到果汁**。我觉得榨汁的步骤最好亲自进行，可用牙刷将果皮刷洗干净，再切开食用或榨汁，且最好是2分钟内喝完，以免营养流失。

香蕉 ➡ 使用杀菌剂除虫，最好先洗过再剥皮

香蕉如果没事先"疏花"、"疏果"，很容易长太密，万一果树内有橡皮虫，香蕉树可能拦腰折断或整株倒掉；此外，蚜虫和介壳虫都会让香蕉果皮看起来花花的，影响卖相，因此多数蕉农会使用杀菌剂除虫。

虽然吃香蕉会剥皮，但农药残留在香蕉皮上，手接触之后可能污染到果肉或其他食物，因此最好先冲洗再剥皮吃。**如果你买的香蕉放一两天就化成水，表示香蕉被浸泡过药水**。再者，如果香蕉会变黑、粗大的蒂头也会变黑，但连接果实和蒂头的细梗却不会变黑，代表这串香蕉泡过防腐剂，最好别吃。

荔枝 ➡ 农夫自己都不敢吃的水果

我问过许多果农，哪种水果是你最不敢吃的，结果荔枝高居第一。包括介壳虫、果实蝇、毒蛾、胶虫、黄斑星天牛等虫害，以及露疫病、酸腐病、炭疽病等，都会影响荔枝收成。

果农每10天就要喷一次药，农药残留量非常可观，所以买回荔枝以后，**吃之前一定要先清洗**，而且不宜将蒂头剪掉，否则农药泡入水中，仍会从蒂头浸入荔枝内。

火龙果 ➡ 喷农药预防针，防虫蛀侵袭

火龙果是外来水果，但现在很多人种植。火龙果在雨季之后很容易感染溃疡病，不仅果皮出现焦斑，甚至连肉茎也会腐烂，所以果农常事先喷药做预防。介壳虫也会侵袭火龙果，有机业者通常采取套袋方式。

现在提倡果农用喷油的方式来防治，不一定要用药，只要以葵花油或苦楝油喷洒，介壳虫就会被闷死。

如何买到合宜、安全的青菜

对家庭主妇来说，蔬菜是每天必备的食物，买到无毒的好蔬菜是大家共同的心愿。

该如何买到安全的青菜呢？我的建议是到市集向小农户购买，或前往有机店选购。这些小农耕种的作物多样化，与只种单一作物的菜园相比，病虫害会相互牵制，达到生态平衡，一般不需要用药。

▶ 在假日，不定时举办"农产品市集"，方便民众购买。

毒素④ 加工食品来源

这类食物我觉得最好少吃。根据维基百科的资料，**平均每人每年要吃进6~7千克的食品添加物**，这些添加物蚕食了我们的健康。

罐头 ➡ 除了食物本身污染源，还要担心添加物

有一天我打开厨房的抽屉进行整理，意外发现开罐器生锈了！原来我家已经好多年没吃罐头，开罐器被闲置在角落放到生锈。

罐头容器往往是马口铁制成，现在大多会镀锡，因为锡相对稳定，较不易生锈。多数人都知道罐头一旦变形就不能吃，却忽略罐头即使没变形，仍可能带有毒素——如果食材本身被污染，并不会因为被制成罐头就毒性消失。

举例来说，海鲜（如沙丁鱼、鲔鱼、螺肉罐头）同样要担心重金属污染，原料照样有残留保鲜剂、防腐剂的风险，且普遍含钠过高；又如肉类（如肉酱、红烧牛肉罐头），照样会有添加亚硝酸盐的问题，若使用瘦肉精，伤害力依然存在；又如蔬果（如青豌豆、白芦笋、樱桃、水蜜桃罐头），不仅要担心农药残留，还得留意色素和高糖，甚至有抗氧化剂D–异抗坏血酸钠，这些都会伤害身体。

▶ 罐头要担心的风险，不仅是包装，还有内容物的来源，与其伤身，我干脆选择不吃！

英国文学家莎士比亚："每一杯过量的酒都是魔鬼酿的毒汁。"

方便面 ➡ 担心添加物问题，也有基因改造的风险

方便面热量高且不营养，在油炸的制作过程里已添加BHT抗氧化剂（二丁基羟基甲苯），这是延缓食物酸化的安定剂，**动物实验已发现会致癌**。即使是**非油炸方便面，也有基因改造的风险**，以及用pH调整剂来避免变质。方便面的酱包，有油脂来源不明、含钠过量等问题。"WHO"（世界卫生组织）将成人的钠摄取量修正为每天2克以下，换算成盐分摄取量就是5克以下，吃一包方便面钠含量就会超量。最后是容器问题，泡沫塑料制成的方便面碗在高温冲泡下会释出苯乙烯单体，纸质方便面碗则会释出聚乙烯、聚丙烯，这些毒素累积在体内不易代谢，除了对肝、胆、肾造成伤害，可能还会引起癌变。

酱料 ➡ 不需原料，用化学添加物就能制造

包括酱油、陈醋、烤肉酱、沙拉酱、辣椒酱、芥末酱等都属于酱料。以前制作起来费日耗时，现在有了化学添加物，在实验室就能制造，毒素也越来越强。

举例来说，沙拉酱本来应该用蛋和沙拉油来制作，现在很多厂商选择**添加乳化剂、pH调整剂**；辣椒酱所含的辣椒比例低得离谱，**但加入了黏稠剂、调味剂、人工甘味剂、人工色素等，**吃起来又辣又香，却是拿健康换口欲。

又例如，山葵酱本来应该用山葵根去磨、芥末酱应该用芥菜籽去制作，但现在许多人都用化学添加物"丙烯芥子油"混合淀粉来充数，甚至还加了防腐

剂、人工色素、人工香料和乳化剂，至于绿芥末和黄芥末两种酱料，对制作者而言，不过是色素比例不同罢了。吃过这样的酱料，可能过敏瘙痒，或是呼吸道肿胀、消化道受损，至于累积多少毒素在身上，只有天知道了！

肉干 ➡ 肉品来源不明，还需承担亚硝酸盐和防腐剂的风险

不管是牛肉干或猪肉干，都是我做不了也不会买的零食。主要担心肉品来源不明，再者忧虑厂商**添加了亚硝酸盐和防腐剂**，而且普遍有调味太重的问题，高盐、高糖极不健康。我觉得没必要冒着致癌和伤肝的风险来吃这种加工食品。

酱菜 ➡ 添加大量人工色素、甘味剂和调味剂

酱菜的制作过程需要脱水，否则容易发霉、腐坏，因此腌渍会用大量的盐，致使钠摄取过量，有些厂商甚至添加了己二烯酸作为防腐剂。此外在制作过程中，酱菜容易失去漂亮的色泽，这时人工色素、甘味剂、调味剂等添加物就登场了。

火锅料 ➡ 一堆化学原料制成的食物，你敢吃吗

包括蟹肉棒、鱼饺、鱼板、贡丸、鱼丸、鱼浆制品等。它们的问题不外乎**蛋饺没蛋只靠面粉、黄色4号和黏着剂**就能制作、**鱼饺皮是用修饰淀粉所制成、用硼砂让丸子变得有弹性、用磷酸盐或动物胶做黏着剂、用硫酸盐防腐、用过氧化氢漂白**……吃了含有这些化合物的食物，很多人会引起过敏反应，而肾、肝功能不佳和糖尿病患者也不适合吃。

▲ 加工食品，只要包装上有看不懂的成分，就不要购买。

法国俗谚："与其求医服药，不如买菜吃肉。"

大骨粉 ➡ 小吃店、火锅店使用率最高，多吃恐洗肾

大骨粉可以严重欺瞒味觉，不说很多人未必知道，拉面店使用大骨粉的概率最高。这种化学物质，即使没用半根骨头，照样能调出浓稠的汤头，不过吃多了的代价就是肾功能退化。

面条 ➡ 小心高弹性、烹煮时汤色没有混浊就有问题

面粉分为特高筋、高筋、中筋和低筋，这是以蛋白质含量来界定，筋度越高则越有弹性。

制作面条时，化学添加物被用得很多，例如常用磷酸盐来提升弹性度、用乳化剂预防淀粉被煮出来导致汤色混浊、用人工色素将面条变白或加色、用品质改良剂溴酸钾（中国现已禁用）来改善口感、用防腐剂来避免湿面发霉、用大豆蛋白作为黏着剂……

面条所用的添加物如此之多，为减少摄取到毒素，煮面时可考虑煮久一点，煮的时候别盖上锅盖，并把烫过面条的热水倒掉。

▲ 我喜欢在假日和孩子一起做手工面，我建议购买进口的中筋面粉，做起来特别好吃！

速食粉条、便当、小吃等 ➡ 没有营养的玉米淀粉被大量使用

速食粉条、便当、小吃等都是加工食品，制造者可能会用防腐剂进行防腐、用硼砂增加弹性、用漂白剂让成品雪白好看，而玉米淀粉较有弹性的特性是它被大量使用的主因。

烹煮时，除了打开锅盖让化学物质尽可能挥发，通过观察也是辨识的好方法，如果湿面放在室温多日都不会坏，就表示可能化学毒素过多。

素食隐藏的毒素危机

素食的人吃很多豆类，以此为蛋白质来源。黄豆是基因改造极多的作物，常被加工再制，例如放入添加物以便塑形，或把烟熏味道加重，做成豆干、豆腐、豆皮、素鸡、素鹅等，其危机在于业者可能添加人工甘味剂、人工色素、漂白剂、消泡剂等。

素食者常吃的蒟蒻（俗称魔芋），是以蒟蒻的地下块茎磨粉所制作，属于水溶性纤维，本该无色无味；但为了求变化，业者添加色素和香料，就变成有色的素墨鱼、素鱿鱼。

至于素肠、面筋、素肚、烤麸，如果选择的原始材料是有机面粉或无毒的新鲜鸡蛋，自然再好不过，否则也难逃基因改造和毒素。

另外，进口面粉因输入国不同，价格差别较大，市面上一袋25千克的面粉，售价从600元、800元到1000元。我找到的有机面粉是以有机小麦来制作，分为做面包的德国面粉、做面条的美国面粉，每袋需要300多元。虽然较贵，但为了制作无毒面包和面条给孩子吃，我就当作是投资健康吧！

选好食材与用对器具，
守护家人，食得安心！

PART **2**

【这么重要】饮食这档事

餐桌上的无毒实践课

我家独特的"按龄分量"吃饭方式

从小孩、爸妈到爷爷奶奶，各有适龄的食量
按照家族成员的年龄段，吃8分饱至5分饱

我们家不吃自助餐，因为"吃到饱"不符合我们的进食习惯，我不想因为偶尔的放纵，扰乱了长期对孩子的教育。因此，我建议将"饱食程度"依年龄区分为4阶段：

 青少年（20岁以前）：吃8分饱

1 我家3个宝贝分别是19岁、16岁和13岁，我训练他们从小吃到8分饱，因为这个年龄的孩童正在发育期，需要足够的养分，只要选择新鲜食物、营养摄取均匀，就不用担心发胖的问题！

 成年期（21～35岁）：吃7分饱

2 这个时期是人生冲刺期，身体却进入"生长缓慢期"，因此需要均衡营养却不能吃太饱，否则影响肠胃消化。以7分饱为最佳，也就是有饱足感，就可以停止进食了！

 壮年期（36～60岁）：吃6分饱

3 正处于壮年期的先生和我现在顶多吃6分饱，一方面身体已经无法再负荷多余的食物、热量，会变成脂肪囤积在身上，另一方面肠胃在55岁会开始退化，要是不节制，容易引发消化系统疾病！

 老年期（61岁以上）：吃5分饱

4 我曾告诉孩子，等爸爸妈妈到了61岁以后只能吃5分饱，他们担心地问："吃那么少，不会生病吗？"我请他们放心，年纪老了虽吃得少，但还是遵守无毒、均衡饮食的原则，且保持运动，身体就会健康！

改变吃饭顺序，先吃水果再吃饭

在我家有套独特的饮食模式，这样的吃法不仅让我拥有好肤质、好气色，同时获得健康，各位不妨试着体验看看。

Step 1 饭前先吃常温水果 让小肠快速吸收

40 分钟后

水果中的果糖很容易消化，可以在小肠被迅速吸收。饭前吃是让容易消化的东西先进入消化道，缩短被滞留的时间，避免腐败。如果改不过来饭前吃水果，那吃水果的时间一定要在饭后1～2小时，让前面的饭菜先消化完了再吃。如果从冰箱取出，就要让它恢复常温再吃，以免刺激肠胃。

Step 2 先喝汤再开始吃饭 暖胃又润泽消化道

吃完水果40分钟后开饭，第一个动作是喝汤，虽然只有一小碗，但能暖胃又润泽消化道，而且分量不多，不至于稀释胃液。我刻意只给孩子一个碗，这样他们就得喝完汤再盛饭。我家不用太白粉、地瓜粉，也不喝勾芡的浓汤，只喝清汤。

Step 3 饭后1小时吃甜点 完美收尾更显满足

1小时后

饭后隔1小时，再来个甜点会让一顿饭显得满足且幸福。但如果当天太晚开饭，或进食的热量特别高、过饱，就要放弃甜点，以免有反效果。

印度俗谚："吃错食物用药就没意义，吃对食物就不需要药。"

我家3餐这样吃，8大原则健康饮食

① 每餐有2~3盘青菜

每种蔬菜的营养素都不一样，我允许孩子有好恶，但不可偏食，虽然有两三盘青菜，但每一种都要吃到。如果可能，同一餐里，我会安排绿叶类、根茎类、果实类或芽菜类等不同的蔬菜出现，最好青菜的颜色也不一样，让菜色看起来有变化。

② 有鱼就没有肉，但会有蛋

鱼、肉、蛋都是动物性蛋白质来源，但我觉得没必要让胃肠太辛苦，同一餐里消化的肉类越单纯，身体负担越小。安排菜时我也会考虑胆固醇，如果这一餐桌上已有墨鱼或其他水产类食物，就不会再出现螃蟹或文蛤。

③ 我家的饭碗特别小

朋友来家里作客，都夸我家的碗小巧可爱，其实我是为了方便控制食量刻意买的。全家人的食量不同，所以我帮大家挑了不一样的碗，无论大小或花色都是专属的，谁都不会拿错。

④ 一定要在餐桌开饭

为训练孩子的用餐礼仪和饮食习惯，无论哪一餐，我家开饭一定在餐桌上，吃完之前不准离开，更不会边吃边看电视。

⑤ 如果吃不下就算了

我不喜欢勉强孩子进食，如果吃不下这一餐就跳过，但在下次用餐之前，是不会给予任何食物的。如此一来，孩子会自动调节进食的频率，吃饭也不会变成有压力。

⑥ 以纯糙米为主食

糙米吃起来不如白米可口，却拥有稻米最完整的营养素，它的B族维生素和膳食纤维，对维持神经健康、稳定血糖都有帮助。我家从来不吃十谷饭，因觉得肠胃同时消化多种主食太辛苦了，但会将杂粮单独料理着吃。

⑦ 晚上10点后绝不进食

基本上，晚上八九点就不给孩子东西吃了。夜晚是消化道的休息时间，如果太晚吃东西，没消化完的食物累积在胃肠内腐败，产生的毒素又被身体吸收。万一孩子真的很饿，我会在10点前为他们温一杯有机豆浆。

⑧ 先吃肉，再吃菜，米饭最后吃

我依照消化和吸收所需的时间来安排进食顺序，先吃含蛋白质和脂质的肉类，让它们先到胃和肠内进行消化，接着再吃蔬菜，而米饭的消化相对容易，留在最后吃。

中国俗谚："冬吃萝卜夏吃姜，不劳医生开药方。"

第6课

我们家的3餐吃什么

1餐只有鱼或肉类，蔬菜量摄取最多

早餐的蛋白质供应最重要

外食问题防不胜防，为了安心，我们家早餐和晚餐大多会在家一起吃，上学日的中午则带便当。从早餐开始，一起床我会让孩子先喝一杯温开水，喝完后吃有机水果，然后再正式吃早餐。这是一天的开始，蛋白质的供应很重要，通常我会给一颗全蛋，或是以豆浆来补充植物性蛋白质。

强身健体
豆浆水煮蛋

材料（1人份）
黄豆100克、开水600毫升、鸡蛋1颗。

做法

❶ 豆浆：有机黄豆（非基因改造）用开水浸泡3小时。

❷ 黄豆倒入调理机，加1汤匙开水帮助机器运转。

❸ 豆浆不过滤，直接倒入汤锅加100毫升开水。

❹ 转小火煮沸，加有机砂糖搅拌均匀后，关火。

❺ 水煮蛋：另起一汤锅，加入冷水放入鸡蛋，开中火煮沸后熄火，再焖10分钟即可。

> 我会趁假日有空，与孩子们一起做豆浆，我们家的豆浆不过滤，喝起来会有点渣渣的；而鸡蛋更要蛋白蛋黄一起吃，才能摄取完整的蛋白质，也符合吃全食物的概念。

均衡饮食
地瓜粥套餐

材料 （1人份）

地瓜2条（约300克）、白米1杯、开水2000 毫升、橄榄油少许、鸡蛋1颗、上海青100克。

做法

❶ 地瓜粥：地瓜洗净不用削皮、滚刀切块；白米洗净一起放入电锅的内锅中。

❷ 内锅倒入水3~4杯，外锅放1杯；盖上电锅盖按下开关。

❸ 荷包蛋：将油倒入平底锅，等油热后打入一颗蛋，撒上少许盐，煎熟起锅。

❹ 烫上海青：青菜洗净，起一锅水烧开后，加入青菜氽烫即可。

地瓜粥是我小时候的记忆，一早起看到热粥和小菜，心里充满着暖意。这份爱也传给了我的孩子。组合中可以同时摄取到糖类、纤维质、蛋白质，是最全面的早餐组合。

手工尚好
有机面包

材料 （1人份）

十谷粉10克、有机面粉200克、酵母5克、开水100毫升、橄榄油少许。

做法

❶ 将面粉、十谷粉、酵母及水倒入锅中，搅拌均匀。

❷ 放入面包机，约25分钟即可。

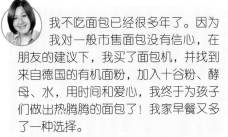

我不吃面包已经很多年了。因为我对一般市售面包没有信心，在朋友的建议下，我买了面包机，并找到来自德国的有机面粉，加入十谷粉、酵母、水，用时间和爱心，我终于为孩子们做出热腾腾的面包了！我家早餐又多了一种选择。

🍴 Lunch 🍴 午餐分量要充足，避免孩子吃零食

平日中午我让孩子带便当去学校，尽量选不易变黄的蔬菜，假日在家就不必设限。我给孩子的便当分量很足，能支撑他们放学回家前不会肚子饿，自然不会受诱惑跑去乱吃外面的零食。

蔬菜多多

虾米炒米粉

材料（1人份）

纯米米粉100克、红萝卜丝10克、黑木耳丝50克、香菇丝10克、高丽菜30克、虾米5克、橄榄油少许、开水适量。

做法

❶ 将纯米米粉洗净过水捞起。

❷ 将红萝卜洗净，切丝备用。

❸ 依序将黑木耳、香菇、高丽菜洗净，切丝备用。

❹ 将炒锅加油，开火加热后，放入虾米拌炒爆香。

❺ 接着放入红萝卜、黑木耳、香菇及高丽菜于锅中，拌炒至七分熟。

❻ 再加入开水，并放入米粉，改以小火拌炒至全熟，盛起即可。

 我习惯让孩子在每餐中摄取至少2种以上的蔬菜，因此炒米粉不仅能满足妈妈的期望，且米粉经过加工后，会更增加口感，是大获好评的便当菜单之一。

营养满分

健康猪排饭套餐（白饭、煎猪排、绿芦笋拌甜椒炒虾仁、烫小白菜、冬瓜清汤）

材料（1人份）

白饭1碗、腌猪排1片、绿芦笋50克、甜椒50克、虾仁5尾、白菜50克、冬瓜100克、姜丝少许。

做法

❶ 煎猪排：将油倒入平底锅等油热后，放入猪排至两面煎熟，即可。

❷ 绿芦笋拌甜椒炒虾仁：无毒虾仁洗净剥壳、去肠泥，用刀划开背部但不切断，加少许盐拌匀，放入冰箱腌20分钟。

❸ 绿芦笋洗净后切段、甜椒切块去籽，以葡萄籽油炒熟，加盐调味后起锅。

❹ 再将少许葡萄籽油倒入锅中，放入虾仁清炒至八分熟。

❺ 最后将绿芦笋及甜椒倒回锅中，一起翻炒至虾仁全熟起锅。

❻ 烫小白菜：小白菜洗净切段，起一汤锅加水，煮滚后加入小白菜，等水再次沸腾后即可起锅。

❼ 冬瓜清汤：冬瓜洗净去皮去籽，切成块状。

❽ 起一汤锅，加入开水煮滚后放入冬瓜块，待快起锅时加入姜丝，以增添风味。

这组套餐符合"每日五蔬果"的健康原则。我用甜椒一起拌炒虾子，让蔬菜有鲜虾的甜味；选用含脂肪较少的猪里脊肉，可以吃到动物性蛋白质又不会油腻，或是拌着烫青菜一起吃，也很爽口！

阿拉伯俗谚："天下有千种疾病，却只有一种健康。"

怀旧美味

高丽菜饭

材料（1人份）

白米1杯、高丽菜100克、香菇50克、红萝卜20克、虾米10克、冷压橄榄油适量、盐少许、酱油少许、去骨鸡腿肉100克。

做法

❶ 白米洗净，高丽菜、香菇、红萝卜洗净切丝备用。

❷ 在炒锅中加入冷压橄榄油将虾米爆香。

❸ 依序放入香菇丝及红萝卜丝炒至香味出现。

❹ 再放入高丽菜拌炒，改以小火焖煮至半软，加盐、酱油调味。

❺ 将所有食材与白米拌匀，倒入电锅中煮熟即可。

这道菜是我儿时记忆，不仅色香味俱全，做法也相当简单，很适合忙碌的妈妈们。一口饭可以同时吃进不一样的营养素，也是我们家都喜爱的料理，只要注意小心控制孩子别一时贪心，吃得太饱就好！

Dinner 晚餐菜式以摄取到多种蔬果为主

晚餐时刻全家在餐桌上团聚，有时间慢慢进食，交流当天的心情，我通常会准备较丰盛、较多变的菜式。同样地，在正式进食之前，我会先提供水果给家人吃，然后先喝汤再吃饭。

美味上菜
咖喱鸡糙米饭

材料（1人份）

糙米饭1碗、咖喱粉3匙、鸡肉块400克、洋葱1颗、苹果1颗、高丽菜半颗、红萝卜1条、马铃薯1条、葡萄籽油少许、开水1000毫升。

做法

❶ 将鸡肉块汆烫备用；苹果、红萝卜、马铃薯洗净切块，高丽菜切丝，洋葱切碎备用。

❷ 以葡萄籽油热锅，放入洋葱炒香后，再倒入鸡肉拌炒，最后加入其他蔬果翻炒。

❸ 加水煮滚，放入咖喱粉，拌匀后继续焖煮至所有食材软烂入味。

忙得没时间准备，最适合吃咖喱了。加入蔬果、红萝卜、马铃薯等各式蔬菜，不仅能满足口欲，又不至于太过负担，同时能补充维生素和矿物质。建议吃根茎类蔬菜时不去皮，保持全营养，但前提食材必须是无毒安全的。糙米饭可以增加纤维素的摄取。

古希腊哲学家希波克拉底："食物是最好的医药。"

2

补身暖胃
温补羊肉火锅

材料（5人份）

羊肉1000克、火锅调理包1包、高丽菜半颗、蟹肉丸1盒、虾丸1盒、墨鱼丸1盒、生豆皮1盒、冻豆腐1盒、面条若干、姜6片。

做法

❶ 将羊肉切块洗净、高丽菜洗净手撕好、综合丸类、豆皮洗净备用。

❷ 准备汤锅，倒入姜、羊肉与调理包。

❸ 待羊肉滚开后，再依序加入高丽菜与其他食材，待食材煮熟，转小火焖烧30~40分钟即可。

❹ 面条用清水煮熟，待吃完大部分食物后可放入火锅中稍烫即食。

入冬天气转凉，孩子常要求"妈妈，煮羊肉火锅吧！"在红肉里，羊肉的污染是最少的，而且温润滋补，适合各年龄层、各种体质的人食用。我家煮羊肉时，会搭配完全没有食品添加物的手工丸子，以及有机黄豆手工制成的生豆皮、冻豆腐，当然还会加入高丽菜。羊肉本身已有油脂，因此面条用清水烫熟即可，不要再拌油。

低脂多纤维
清蒸鳕鱼风味套餐
（糙米饭、清蒸鳕鱼、煎菜脯蛋、烫绿花椰菜、清炒地瓜叶、姜片豆腐香菇汤）

材料（1人份）
糙米饭1碗、鳕鱼100克、菜脯15克、鸡蛋1颗、绿花椰菜100克、地瓜叶150克、姜片4片、板豆腐1块、香菇3朵、葱末30克、米酒少许、盐少许。

作法
❶ 清蒸鳕鱼：鳕鱼洗净沥干抹盐，加少许米酒去腥。
❷ 老姜洗净切丝放在鳕鱼上，放入电锅，在外锅加1杯水，按下开关蒸10分钟左右。
❸ 当电锅按键跳起，将葱花洒上，再把锅盖盖上焖一下，上桌之前可滴一两滴麻油。
❹ 煎菜脯蛋：菜脯洗净切细末，将蛋洗净后打在干净碗中，放入菜脯及葱末与蛋液拌匀。
❺ 在炒锅倒入油，等油热后倒入蛋液，等两面煎熟后即可起锅。
❻ 烫绿花椰菜：花椰菜洗净，起一汤锅加入开水，等水滚后放入花椰菜。
❼ 等水再次沸腾，捞起后即可。
❽ 清炒地瓜叶：地瓜叶洗净后切段，在炒锅倒入少许油，油热后加入地瓜叶。
❾ 稍微拌炒后，加入一大汤匙开水，等地瓜叶熟后调味盛起即可。
❿ 姜片豆腐香菇汤：老姜切片、豆腐洗净切块、香菇泡软后捞起备用。
⓫ 起一汤锅，倒入开水待煮沸后，依序放入老姜、香菇、豆腐。
⓬ 起锅前撒一点盐与葱末即可。

我们每天吃的食物当中，动物性食品应该要控制在每餐的15%。养成习惯后，我一餐只会有鱼或肉，绝对不会超过，且会搭配多种蔬菜。大家经常用来氽烫的地瓜叶，我建议用油炒比用烫的更好，因为地瓜叶有很多抗氧化物质，能保留更多有益成分。

\ Dessert / 以低热量点心为主，且分量不能多

假日里，我会在午后帮孩子张罗点心，当做下午茶。点心的功能是让他们在午餐和晚餐之间，有点东西能垫肚子，通常热量不高，分量也不多，才不会影响晚餐的食欲。但如果有人午餐没吃完，吃点心的资格就自动消失咯！

消暑冰品
豆浆橙酱冰淇淋

(材料) 豆浆500毫升、橙酱适量。

(做法)

❶ 将豆浆放入全自动冰淇淋机搅拌约40分钟。

❷ 挖出来放入小碗，再淋上橙酱或自己喜欢的果酱口味即可。

每到夏季，孩子最渴望吃冰品，但是外面买的冰淇淋大部分都添加乳化安定剂等，让我却步。自从我买了冰淇淋机，就能安心制冰，我通常都以豆浆取代牛奶，再淋上自制手工果酱增添风味。

祛寒暖身
双色豆薏仁汤

(材料) 糙米30克、薏以仁30克、红豆150克、绿豆150克、黑糖粉50克。

(做法)

❶ 薏以仁不去壳，用量约2把，和糙米一起洗净后浸泡4~6小时，分成2等份。

❷ 红豆、绿豆各1把，浸泡4小时之后，各自加薏仁，放入1000毫升水量。

❸ 分别放进电锅，外锅放1杯水，按下开关，按键跳起来后外锅再加一次水，再煮一次。

❹ 开关再一次跳起来后，放入黑糖粉调味煮半小时即可。

我家有人爱绿豆，有人爱红豆，每次我会煮两锅，让大家各自吃到自己喜欢的点心。

润肠饮品
黑白木耳露

材料 黑木耳6朵、白木耳6朵、黑糖粉20克、
　　　开水1000毫升。

做法
1. 取黑、白木耳各6朵，泡发洗净后，剪成小块放入果汁机，加水（盖过木耳）打碎。
2. 将木耳汁加水煮沸，放入适量黑糖，冷却后请放入冰箱冷藏。

自制蜜饯
干燥果干

材料 苹果、红肉火龙果、凤梨、香蕉。

做法
1. 将水果洗净、沥干切成厚1厘米的果片，放入烘焙机。
2. 每种水果的干燥所需时间有差异。例如：芭蕉使用60℃烘干8小时；火龙果用90度烘干12小时；凤梨以60℃烘干16小时；葡萄干可连皮带籽，以100℃烘60小时。基本上，水分越多的水果所需温度越高，烘焙时间也越长。

黑木耳和白木耳都有丰富的多糖体，对人体健康功效卓著，可提升免疫系统机能。此外，它们具有水溶性纤维，可润滑肠道，帮助体内环保，是排毒的好帮手。夏天可以冰冰凉凉地喝，冬季最好隔水加温后再喝。

我用干燥处理机来烘烤果干，用保鲜盒装好放入冰箱可保存半年，孩子就有健康的零食可吃了。除了菜单所列的4种水果外，芭乐、葡萄、芒果、木瓜等也可做果干。一般家庭少见干燥机，但也不能用烤箱取代喔，会容易烤焦，我建议到有机超市购买就可以了。

法国作家巴尔扎克："规律生活是健康长寿之秘诀。"

如何根据性别、年龄选6大营养素

按照"成长需求"、"劳动力"、"抗老防病"选对真食物

营养素 **1 糖类**
身体热量的主要来源，**多含于谷类、蔬菜水果之中**

当我为家人准备真食物时，我会从营养素的角度来思考，除了设法让餐桌上具备每一种营养素之外，也会考量"同样是糖类，哪种适合小孩吃？哪种适合我和先生吃？"只要吃得对，食物就是最好的医药。

糖类，又叫碳水化合物，主要提供身体热量的来源，维持新陈代谢和体温。糖类储存在人体时，最常留在肝脏和肌肉里；储存在植物中则变成淀粉。**很多人以为糖类就是谷类，其实在水果、蔬菜中含量也较高。**

糖类分为单糖（如葡萄糖、果糖）、双糖（如蔗糖、乳糖、麦芽糖、砂糖）和多糖（如淀粉、果胶、纤维素）——单糖结构单纯，容易消化吸收，可快速被运用；而双糖次之，至于多糖比较复杂，消化得慢一点（甚至无法被吸收，如纤维素），但血糖不会急速上升。三者各有优点，要看怎么利用。

整体来说，减肥的人容易糖类摄取太少，后果是身体疲累、缺乏活力、容易头晕；相对的，如果摄取太多糖类，不但会胖，且容易蛀牙。

单糖	双糖	多糖
葡萄糖、果糖	蔗糖、麦芽糖、砂糖	淀粉、膳食纤维

适合"孩子"摄取的糖类

糙米 ➡ 我家主食来源之一，可提高孩子的免疫力

糙米保留了稻米最多的营养素，可有效转化为葡萄糖，是很好的"糖类"来源；它还有丰富的膳食纤维和酵素，能让孩子顺利排便、提高免疫力；它含有多种氨基酸和B族维生素，是孩子成长的重要助力。

蜂蜜 ➡ 早上一杯蜂蜜水，能润肠通便保持健康

便秘的儿童很多，主要原因是学校厕所太脏不敢上。蜂蜜含有寡糖，多吃可增加益生菌；早上给孩子一杯蜂蜜水，有助于肠胃蠕动、润肠通便，让消化道保持健康。纯正天然蜂蜜的水分不多，约80%是糖类，以室温保存即可，但不宜晒到太阳；冲蜂蜜水时，水温最好别超过50℃，以免破坏蜂蜜里的酵素。

玉米 ➡ 拥有叶黄素和玉米黄素，视力保健的好食材

玉米甜甜的味道很受孩子欢迎，它含有丰富的糖类和矿物质，更有叶黄素和玉米黄素，可以抗氧化、阻止光线对眼睛的伤害，对于视力保健而言是很好的食物；它的粗纤维很多，可促进肠道蠕动迅速排出有害物质。当孩子夏天没有食欲，偶尔我会煮玉米给他们吃，或用它做沙拉，变换一下口味。

 专家这样吃

糙米麦片薏苡仁粥

材料 糙米60克、麦片1大匙、薏苡仁30克。

调味 开水300毫升、有机砂糖1匙。

❶ 薏苡仁先浸泡6小时，糙米事先浸泡2小时。

❷ 盛一锅水，煮开后依序放入糙米、麦片和薏苡仁，约煮20分钟成粥状。

❸ 加入少许有机砂糖，搅拌均匀后关火，温热吃或放凉再吃皆宜。

※ 喜欢咸食，不妨加些姜丝熬煮，熄火前打个蛋花，或撒点肉松一起吃。

英国哲学家赫史宾塞："强力和耐力只能从吃营养的食物中得来。"

适合"长者"摄取的糖类

燕麦 ➡ 富含纤维糖类，预防心血管疾病

除非是对麦麸过敏的体质，否则燕麦是很好的食物，它可降低血脂肪，预防心血管疾病，还能减少痛风发作，若想强健骨质更非吃不可。老人因运动不足常会便秘，燕麦可促进肠胃蠕动，将有害物质排出，自然不易罹患癌症、衰老。

地瓜 ➡ 特殊的黏液蛋白成分，可降低胆固醇

老人家最需要预防骨质疏松，多吃地瓜就对了。它含有的"黏液蛋白"有助于排出坏胆固醇（低密度脂蛋白胆固醇），防止血管弹性硬化和堵塞，还能避免摄取过多蛋白质而变成酸性体质。但请留意地瓜得完全煮熟，才不会胀气。

适合"男人"摄取的糖类

南瓜和南瓜籽 ➡ 预防前列腺疾病，降压解毒

南瓜和南瓜籽可预防男性前列腺肥大或癌变，并降低坏胆固醇，又因含有

专家这样吃

黑糖姜汁地瓜汤

材料 地瓜60克、黑糖块1大匙、姜30克。

调味 开水1000毫升。

❶ 地瓜买回之后，用猪鬃刷清理，以流水洗净后，连皮切块。

❷ 将地瓜、姜片加水，一起用电锅煮，按键跳起后加黑糖调味。

❸ 黑糖温润又补气，可改善血管硬化，很适合老人养生时食用。

※这道甜汤适合趁热吃，建议作为老人家的午后点心，可活血、清血、祛寒利肾。

甘露醇，具有利尿、降压效果。中年男性容易肩膀酸痛，南瓜籽能清除肾脏、血液和肠道毒素。南瓜所含 β–胡萝卜素是瓜类之最，还有维生素 A 和维生素 E，不仅抗氧化，还可以防癌，对改善夜盲症、干眼症也有助益。

花豆 ➡ 与肉类一起烹调，可降低脂肪比例

花豆又叫作肾豆，因其外形而得名，老祖先相信它能滋阴、壮阳、去湿，是豆中之宝。

科学家则证实它含有的糖类和蛋白质极为丰富，有十几种氨基酸，和肉类一起煮食可让脂肪的比例降低。多吃可补血、抗衰老、预防大肠癌、保护神经系统。

樱桃 ➡ 有助补元气，促进血液循环

大家都知道樱桃是补血的水果，认为女生该多吃，却忽略它的糖类含量很高，而且有丰富的微量元素。

樱桃能补元气、促进血液再生，尤其对舒缓压力有效；不必剥壳或削皮的特性，让它名列懒人水果圣品，其实也很适合男生吃。

专家这样吃

南瓜排骨汤

材料 南瓜半颗、排骨550克、姜片10克。

调味 开水2000毫升、天然海盐1匙。

❶ 将排骨洗净、南瓜洗后切块，连皮带籽放入锅中。

❷ 生姜切片，和南瓜、排骨一起用电锅炖煮，外锅倒入1杯水，按下开关。

❸ 按键跳起后，加少许天然海盐调味即可。

※ 南瓜补中益气，炖汤的做法简单，味道又鲜美，我常在假日炖给先生喝。

印度诗人泰戈尔："大自然的药铺里有许多种止痛剂。"

适合"女人"摄取的糖类

紫米 ➡ 丰富营养素，有助滋阴、恢复体力

紫米又叫作黑糯米，它补血又温润，滋阴补肾，无论平日、生理期、坐月子时都应该多吃。紫米里的B族维生素超级丰富，可稳定神经、缓和不安情绪；维生素E则抗氧化，有助改善围绝经期综合征。紫米含锌、镁和磷，可以消除疲劳、解除肌肉紧张、恢复体力。

白木耳 ➡ 天然胶原蛋白，提高免疫功能

白木耳又叫作银耳，它有天然的"植物性胶原蛋白"，可促进细胞再生，也有人称它为"平民燕窝"。中医认为它生津、润肺、滋阴，科学分析则发现，它富含水溶性膳食纤维（黑木耳亦然），能降低血液里的坏胆固醇、稳定血糖；此外所含"多糖体"能提高免疫功能，还有利于肠道健康，帮助有益菌生长、抑制有害菌滋生。

绿豆 ➡ 有助体液酸碱平衡，排出毒素

人们常说想要皮肤细腻，多吃绿豆就对了。我家夏天常吃绿豆粥，它消暑降火，排毒、解毒效果奇佳——所含的鞣酸可以和膳食纤维一起作用，把金属物质和毒素排出体外。绿豆还含有丰富的钾，一是可以消除水肿、帮助体液酸碱平衡；二是可以帮助身体把多余的钠排除，所以能利尿、消肿、降压。

 专家这样吃

紫米桂圆粥

材料 紫米300克、干桂圆45克、黑糖45克。
调味 开水1500毫升、天然海盐1匙。

❶ 紫米洗净，浸泡3小时。
❷ 将紫米和桂圆一起放入锅中，内锅加水，外锅放2杯水，用电锅煮熟，即可。

※这道甜品可以促进血液循环，紫米含有花青素能防癌；桂圆可以安神、补虚、益智，改善冬季手脚冰冷，女性要多吃。

营养素②膳食纤维

肠道好菌的主要营养源，**可吸附毒素，是排毒好帮手**

膳食纤维泛指不能被人体消化吸收的非淀粉多糖类，通常分为水溶性膳食纤维和非水溶性膳食纤维，前者可以增加食物体积延长饱足感、延缓血糖急速上升、降低胆固醇，后者可以促进肠胃蠕动、增加粪便体积、预防便秘、帮助排便、改善肠道健康、排除有害物质。膳食纤维摄取不足时，便秘、痔疮都很容易发生；如果摄取过多，则会出现腹泻、胀气等情形。

适合"孩子"摄取的膳食纤维

花生 ➡ 含卵磷脂可舒压和增强记忆力，强化解毒功能

我曾在田地里遇到80岁的长者，她告诉我花生可生吃，对肠胃很好。我尝试后惊讶地发现，花生的滋味竟如此清甜！花生对孩子的成长发育很好，除了膳食纤维，糖类、矿物质、维生素样样齐备，还有可贵的卵磷脂，可舒压和增强记忆力，对求学中的孩子很实用。为了避免他们长痘痘，我家的花生几乎都用水煮，而不是用炒或炸。

空心菜 ➡ 有助肠道益菌生长，多吃能抗氧化

空心菜是扫除毒素的绿色高手，人人都该多吃，有助于肠道里的有益菌生长，并预防便秘。孩子长时间用眼，又经常用电脑和手机，空心菜的叶黄素和β-胡萝卜素都是抗氧化的厉害武器，能保护眼睛。空心菜清烫，或加点蒜头、辣椒拌炒都很美味，但容易变黑，不适合带便当，我大都在假日的晚餐时间煮给孩子吃。

波斯诗人萨迪："饮食虽能维持生命，过度也会影响健康。"

适合"长者"摄取的膳食纤维

菠菜 ➡ 富含多种矿物质，可预防贫血及骨质疏松

菠菜的膳食纤维含量丰富，可以促进肠道蠕动，排出毒素；它含有叶黄素和玉米黄素，老人多吃能预防黄斑部病变；它所含的铁和钙都丰富，可预防贫血和骨质疏松；它含有类似胰岛素的物质，可稳定血糖。不过菠菜常被施氮肥，越嫩的硝酸盐残留量越高，烹调时最好先氽烫，把水倒掉再重煮，而且最好一餐就吃完，避免一再加热。

甜椒 ➡ 提供优良营养素，多吃可延缓衰老

甜椒的颜色多样，营养素也很多元化，它含有的维生素 A 和维生素 C 可以预防血管硬化；它含 B 族维生素丰富，还有茄红素、β–胡萝卜素，多吃可以提高免疫力，预防感冒和癌症，并减少过敏症的发作。甜椒的抗氧化力很强，对改善老人斑、延缓衰老颇有帮助。

茄子 ➡ 含特殊龙葵碱成分，能抑制消化道癌细胞

茄子有花青素，可清除自由基、抗氧化、抗发炎；它含有龙葵碱，是神奇的抗癌物质，能抑制消化道癌细胞的增生；它含有类黄酮素，有助于微细血管保持弹性，并促进血液循环，保护大脑细胞获得充足的血与氧，预防老年痴呆症。老人家吃茄子，可多用烫的，以免摄取太多油脂。

专家这样吃

水煮花生

材料 花生600克。

调味 开水2000毫升、天然海盐2小匙。

❶ 把带壳花生洗净，直到没有泥土为止。

❷ 将花生放入冷水中，600克花生大约加2小匙天然海盐。

❸ 锅里的水量须淹过花生，开大火煮。

❹ 煮沸后改以中小火续煮30~40分钟，熄火后不要打开锅盖，再焖半小时。

❺ 将水沥干即可食用。

菠菜茶树菇汤

材料 茶树菇200克、菠菜200克。

调味 开水1000毫升、姜丝5克、天然海盐1小匙、香油少许。

❶ 茶树菇又称柳松菇，带有淡淡的乳香。将茶树菇用温水泡发30分钟，然后切段备用。将菠菜洗净切段，生姜洗净切丝。

❷ 准备一锅滚水，将菠菜放入汆烫，然后把水倒掉。

❸ 另煮沸一锅水，放入茶树菇煮5分钟，接着放入菠菜和姜丝。

❹ 等菜叶颜色变成深色时立即熄火，加少许盐调味，上桌前加几滴香油。

适合"男人"摄取的膳食纤维

大白菜 ➡ 属非水溶性膳食纤维，有助降低胆固醇

男生应酬机会较多，饮食习惯又偏好肉食，因此胆固醇过高的比例较女生高，我建议多吃十字花科的大白菜。大白菜利消化、解疲劳，它含有的膳食纤维有助于降低胆固醇，对于预防中风、高血脂、心脏病很有帮助。它不仅含大量维生素C，更有抗氧化的硒和槲皮素，可以扫除自由基，预防癌症。

番茄 ➡ 番茄红素有抗氧化作用，放油一起熬煮更好吸收

番茄是蔬菜也可当作水果，更是清热解毒的好食物，它含茄红素、β–胡萝卜素、槲皮素都很丰富，抗氧化力惊人，在保护眼睛、心血管、抗老和防癌方面都很出色。要特别提醒的是，番茄越红，茄红素越多，加点油一起煮有利于身体吸收，多吃可以防治前列腺癌和大肠癌。

韭菜 ➡ 丰富的矿物质，对生殖与消化系统有益

绿韭菜有两个别名，一个是壮阳草，另一个是洗肠草，体现了它对生殖和消化系统的功效。中医认为它能温阳补肾、通便排毒。韭菜有含硫化合物和蒜素，可以杀菌抑菌，帮助肝脏排毒，担心重金属污染也要多吃韭菜。它的膳食纤维可降低胆固醇，更有通便之效，可改善慢性便秘。

 专家这样吃

番茄松子沙拉

材料 松子10克、小番茄5颗、生菜1/4颗、甜椒20克。

调味 冷压橄榄油1大匙、和风酱2大匙。

❶ 将所有蔬菜彻底洗净，番茄和甜椒切块；请另准备3～4种喜爱的蔬菜；建议选用小黄瓜、洋葱、生菜等不易出水的蔬菜。

❷ 小黄瓜切片，洋葱切丝，生菜手撕成片。

❸ 将加工好的蔬菜放入大碗，淋上1匙冷压橄榄油，最后撒上松子即可。

❹ 视个人喜爱，可加一点柠檬汁、和风酱，或少许黑胡椒。

※ 这道清爽的沙拉很适合夏季食用，维生素C会加强维生素E的吸收。

适合 "女人" 摄取的膳食纤维

黄瓜 ➡ 视为减肥圣品，抑制脂肪形成

黄瓜能清热解毒、促进新陈代谢、帮助肌肤柔嫩保水，并抑制脂肪的转化和囤积，所以自古以来都被视为美容和减肥圣品。

除了大量维生素C，它还有维生素E和维生素K，前者帮助肝脏把有毒物质排除，后者帮助骨质强韧健康，另外还含有葫芦素可提高免疫力，多吃可以消炎、消肿。大黄瓜属于凉性食物，我通常在冬季以外、非生理期的时间吃。

地瓜叶 ➡ "植固醇" 成分，舒缓围绝经期不适

地瓜叶是抗氧化力最强的蔬菜，它含有大量的膳食纤维和维生素A，可预防大肠癌，并在癌细胞一出现就予以消灭。它含有丰富的维生素B$_1$、维生素C和叶酸，可以缓和情绪、舒解压力，改善因紧张所造成的肌肉疼痛和记忆力衰退。

地瓜叶里还含有植固醇，它的作用类似荷尔蒙，女性在围绝经期之后更应多吃。

 **专家这样吃**

黄瓜美容汁

材料 黄瓜50克、凤梨10克、苹果20克。

调味 冷开水200毫升、蜂蜜2小匙、坚果1小匙。

❶ 将黄瓜洗净后削皮，连籽切成小块。另准备少量的凤梨和苹果切片。

❷ 将所有水果放入果汁机中，加200毫升冷开水，以及2小匙蜂蜜、1小匙坚果，一起打成汁。

※新鲜清爽的黄瓜美容汁不必过滤，打好请立刻饮用。这道果汁既可美白，还能退火、消脂、利尿、降压，非常健康。

营养素 **3** 蛋白质

肌肉、脏器和皮肤的主要营养素，鸡蛋、牛奶、肉类、豆类和菇类中的含量较多

蛋白质是构成细胞、肌肉、内脏的主要成分，由氨基酸所组成；人体需要22种氨基酸，其中14种可自行制造，其余8种被称为"必需氨基酸"，得从饮食中摄取。

蛋白质又分为动物性蛋白质和植物性蛋白质。专家建议20岁前，动物性和植物性蛋白质摄取比例可为1：1；随着年龄增长，动物性蛋白质的摄取比例应逐年减少，到50岁时最好是1：2，到70岁时最好是1：4。

豆类是很好的植物性蛋白质，此外，菇类的蛋白质在蔬菜里算是含量较高的，可作为素食者的优质蛋白质来源之一，如果没有嘌呤及钾摄取量限制不妨多吃，还能加速排便。

蛋白质摄取不足时，成长速度会迟缓，身体会虚弱、消瘦、贫血，免疫力降低，容易染病，一旦受伤不易恢复；如果摄取过量，会引起心血管疾病，并造成肾功能障碍。

适合"孩子"摄取的蛋白质

鲑鱼 ➡ 富含DHA和EPA，帮助青少年发育

鲑鱼含有Omega-3，能提升记忆力和专注力，它含有的多元不饱和脂肪酸DHA和EPA是青少年成长发育所需的营养素，对脑部、眼睛、牙齿、骨骼都有益处；鲑鱼不仅有丰富的钙和锌，更有维生素D帮助吸收，让骨质强健，处于快速成长期的青少年应多吃；鲑鱼所含的B族维生素和维生素E可促进新陈代谢，让血液和体液循环良好。

鸡蛋 ➡ 最佳蛋白质来源，婴儿期就应该摄取

鸡蛋是经济实惠的蛋白质来源，从婴儿时期就可以摄取。它含有的胆固醇有助于脑部发育，丰富的B族维生素和钙质有利于神经系统的安定和传导，卵磷脂更是脑细胞的大力丸，可强化记忆力，对学习中的孩子很有帮助。

猪肉 ➡ 优质蛋白质，能消除自由基

猪肉的蛋白质含量高又优质，可提供成长所需的能量，并让器官功能良好。它含有的B族维生素是提高免疫力和恢复体力的好帮手，常感冒的孩子不妨多摄取；所含的辅酶Q10有助于清除自由基，消除疲劳，重拾活力。

 专家这样吃

鲑鱼醋饭

材料 鲑鱼切片100克、肉松1匙、鲑鱼卵5克、洋葱5克、热白饭1碗、海苔片少许。

调味 白胡椒粉少许、有机砂糖1匙、白醋1匙、天然海盐少许、葡萄籽油少许。

❶ 以少许天然海盐和有机白胡椒粉，将鲑鱼腌渍10分钟；洋葱切丁备用。

❷ 取一只锅倒入葡萄籽油，将鲑鱼煎熟后取出，放入碗内压成碎片并剔除鱼刺。

❸ 用原来的油锅将洋葱丁炒香，再将鲑鱼碎片倒回锅中拌炒。

❹ 将热白饭和有机砂糖、白醋一起搅拌均匀，再放进肉松搅拌。

❺ 在饭上铺放洋葱鲑鱼碎片和鲑鱼卵，最后撒上海苔碎片即可。

古希腊哲学家希波克拉底："让你的食物成为你的药，你的药就是你每天吃的食物。"

适合"长者"摄取的蛋白质

黄豆（豆腐）➡ 富含抗氧化营养素，预防老化

异黄酮素、皂素和维生素E是黄豆的抗氧化三宝，可对抗自由基，延缓衰老，预防动脉硬化和癌症的发生。黄豆里的卵磷脂能强化脑细胞和神经细胞，预防老年痴呆症。它含有丰富的镁和钙，能预防心脏病，并改善肩、颈、腰、背的僵硬痛，维持骨质密度。黄豆做的豆腐是很适合长者的食材，但尿酸、痛风、结石患者不宜食用。

虾子 ➡ 高蛋白低脂肪好食材，提升免疫力

虾子是高蛋白、低脂肪的高级食材。甘氨酸是虾子蛋白质的主要成分，有助于荷尔蒙的制造，而色氨酸可减缓焦虑情绪，两者都能提升免疫力。它含有的锌能帮助荷尔蒙运作，并活化大脑功能。很多人担心胆固醇过高而不敢吃虾，其实只要不吃虾头和虾卵便可享受虾子的美味，它所含的牛磺酸其实能降胆固醇，保护心脏和肝脏。

 专家这样吃

海竹笙豆腐汤

材料 海竹笙50克、板豆腐1盒、鲜香菇4朵、红萝卜6片、上海青1颗、姜2片。

调味 盐2小匙、香油少许。

❶ 野生海竹笙来自南美洲智利的南极海域，是圆柱状海茸的芯状物，和竹笙相似而得名，是深海的珍稀海藻。

❷ 将野生海竹笙用热水泡开，剪为约4厘米的小段，备用。

❸ 将板豆腐、新鲜香菇切丝、红萝卜和生姜切片，上海青去蒂头，备用。

❹ 将清水煮滚，放入鲜香菇丝、姜片、红萝卜片及豆腐，以中小火煮约10分钟。

❺ 放入海竹笙续煮3分钟，再加入上海青，煮熟后熄火加盐、香油调味即可。

适合"男人"摄取的蛋白质

牡蛎 ➡ 补肾壮阳的"海牛奶",改善前列腺疾病

牡蛎营养价值很高,被视为补肾壮阳的食物,很适合男性补充体力。它含有的蛋白质对于修复身体损伤、重建细胞组织很有用;牛磺酸能消炎解毒,保护心脏和肝脏。

牡蛎所含的微量元素以锌最受瞩目,这是制造男性荷尔蒙、让精子保持活力的重要物质,还能改善前列腺肥大、预防前列腺癌。

鸭肉 ➡ 富含钾及B族维生素,消除疲劳

鸭肉的蛋白质对呼吸道肌肉有强化功效,同时也是滋阴补虚的好食材。它含有丰富的钾和B族维生素,能刺激新陈代谢,多吃能消除疲劳、恢复体力。

在微量元素方面,鸭肉含铁比重特别高,能补血,改善贫血引起的手脚冰冷。因为是寒性食物,最好和温性的姜一起吃,才能舒筋活血。

羊肉 ➡ 有丰富的矿物质,有利身体活络

《本草纲目》称赞羊肉有"益精气、疗虚劳、补肺肾气、养心肺、解热毒、润皮肤"之效,这些描述和现代营养学大致是吻合的。

羊肉的B族维生素能消除疲劳、缓解疼痛、增强抗病力,并让皮肤细胞再生。还含有丰富的钾和锌,有利于酵素运作,让身体代谢活络。冬天常吃羊肉,还能预防感冒。

西班牙俗谚:"戒之在食,胜过敦聘百医疗病。"

适合"女人"摄取的蛋白质

鸡肉 ➡ 高蛋白、低热量，强化虚弱身体

坐月子得吃麻油鸡，不难想象鸡肉对女性有多重要，它容易消化吸收，可帮助产妇恢复体力，并促进乳汁分泌。肉里的胶原蛋白能让肌肤保持弹性，色氨酸则会协同制造血清素，有助于舒缓压力和维持好心情。鸡肉含有 B 族维生素，能养心安神，其中的叶酸更能预防忧郁症。只要鸡是无毒的（没滥用药物和荷尔蒙），而人是健康的（无胆固醇过高的问题），鸡皮当然也能安心吃。

鳗鱼 ➡ 丰富的蛋白质及营养素，有助美容抗衰老

鳗鱼是高蛋白、高脂质（不饱和脂肪酸）的美味食物，含有 DHA，怀孕时多吃有助于胎儿脑部发育，平时吃能活化脑细胞；另外还有 EPA，可降低胆固醇、预防心血管疾病。

它含有的胶原蛋白很多，且富含维生素 A 和维生素 E，常吃有利于皮肤润泽、细致、少皱纹，并且维持肤色红润。

鲭鱼 ➡ 每周吃1次鲭鱼，可预防关节炎

鲭鱼是高血氧的鱼类，高营养但容易腐坏。它含有丰富的 Omega-3，能降低胆固醇和三酰甘油，预防中风等心血管疾病，女性应该多吃，进入围绝经期后更是如此。多吃鲭鱼好处多多，能缓解痛经，还能预防老年性黄斑部病变。

专家这样吃

蒲烧鳗鱼玉子烧

材料 蒲烧鳗鱼段240克、鸡蛋4颗、黑芝麻5克。

调味 生抽1小匙、有机砂糖1小匙、味酥（类似米酒的调料）1大匙、橄榄油1小匙。

❶ 鸡蛋打匀成蛋液，加生抽、有机砂糖和味酥均匀搅拌。

❷ 取平底锅，刷1小匙橄榄油，放入1/3的蛋液，让它均匀覆盖在整个锅底。

❸ 用小火将蛋皮煎至五分熟，再将无毒蒲烧鳗鱼放在锅缘，从蒲烧鳗鱼这侧开始卷起，让蛋皮包裹着蒲烧鳗鱼，直到卷至锅边。

❹ 倒入剩余的蛋液，让锅子稍微倾斜，使蛋液和蒲烧鳗鱼蛋卷相联结，以相同做法卷起蛋皮。

❺ 将蛋卷从锅中取出，撒上黑芝麻即可。

当归鸭

材料 无毒鸭600克、老姜5片。

调味 开水1000毫升、中药包1/3包、盐适量、米酒适量。

❶ 把无毒鸭洗净后剁成块，老姜切片备用。可另准备少许喜欢的火锅料。

❷ 准备一锅水，放入中药包、姜片和米酒，煮沸后改以小火熬40分钟。

❸ 等中药汤熬出香味后，捞出药材，放入鸭肉块、火锅料，以小火煮1小时，熄火加少许盐调味。

❹ 不妨在当归鸭中添加高丽菜、冻豆腐等食材，营养吃得更均衡。

英国俗谚："晚餐少，长寿保。"

营养素 ④ 脂肪

人体所需的热量，大约有1／3要靠脂肪提供

脂肪分为动物性脂肪和植物性脂肪——动物性油脂几乎都属于饱和脂肪酸，植物性油脂大多数是不饱和脂肪酸，但也有例外，如棕榈油、椰子油。

脂肪摄取不足时，体力变弱，皮肤会变厚，并出现水肿，器官功能衰退，胆汁分泌减少，还会引起胆结石；如果过量，则会引起肥胖、心血管疾病，还可能诱发癌症。

饱和脂肪酸与不饱和脂肪酸

脂肪酸分为饱和脂肪酸、不饱和脂肪酸；后者又分为单元不饱和脂肪酸、多元不饱和脂肪酸。

饱和脂肪酸的碳原子只有单键，所以是稳定的，例如动物性脂肪、奶油、棕榈油等属于此类。如果摄取太多，不仅会发胖，还会造成心血管疾病。

单元不饱和脂肪酸只有一个双键碳原子，安定性比不上饱和脂肪酸，但比多元不饱和脂肪酸好，它会降低不良胆固醇，提高好胆固醇。例如橄榄油、花生油、坚果、Omega-9都属于此类。

多元不饱和脂肪酸有两个或两个以上双键碳原子，安定性最差，它会同时降低好胆固醇和不良胆固醇。例如大豆油、玉米油、必需脂肪酸Omega-3、Omega-6都属于此类。

摄取反式脂肪会造成心血管疾病

反式脂肪多数是用植物油氢化处理得来，属于不饱和脂肪酸，所以一度被误认为比动物油脂健康。事实上，摄取反式脂肪会让好胆固醇减少，让不良胆固醇增多，并提高肥胖、动脉硬化、心肌梗死、糖尿病、高血脂的概率，在很多国家已禁止使用。

选购食用油的4项提醒

提醒❶ 购买400毫升以内的小瓶包装

　　每天做菜会用到的橄榄油和玄米油（用大米米糠提炼的食物油），我会买1000毫升左右的中型包装，其他食用油则购买100～400毫升的小包装（各家厂商规格不一，原则是尽量挑小瓶装），以免放太久氧化变质。

提醒❷ 建议家庭号包装分成小瓶，并放在阴凉处

　　如果因为预算非得买家庭号油品，那么请收集几个小型的玻璃油瓶，洗净晾干后，将大桶的油分装到小瓶中，每次只取出一瓶使用，其他放在阴凉处、冰箱里或不会日晒到的地方妥善保存。

提醒❸ 选择暗色玻璃瓶、金属盖包装最佳

　　包装上，我一律选择暗色的玻璃瓶装、金属盖，因为塑胶油罐有塑化剂溶出之虞，我无法放心。每个月我会用75%的酒精擦拭油瓶口，这样就能避免油氧化变质。

提醒❹ 别食用"抽出法"的油，以免容易致癌

　　"抽出法"是用己烷（化学溶剂）当作溶剂，放入油中，等己烷挥发之后，渣与油便会分离；这种提炼方式常被应用在大豆油、玉米油、油菜籽油。建议不要使用及食用抽出法提炼的油，以免容易致癌。

 专家这样吃

每天1份坚果更健康

建议每天摄取1份坚果，有助于心血管的健康。坚果属于油脂类，以单元不饱和脂肪酸为主，每天摄取1汤匙就足够，换算起来大约是花生或开心果10颗、腰果或杏仁5颗、核桃2颗，多吃反而造成负担。

中国俗谚："冬吃萝卜夏吃姜，不劳医生开药方。"

我家常见的必备油品

我几乎每天都在下厨，因此家里会常备5~7种的油品，除了多点变化外，更重要的是应用不同的煮法而搭配，尤其要注意油品的冒烟点，才不会买了好油却吃进坏油！

①

芝麻油

白芝麻燃点低，适拌炒；黑芝麻可久煮、炒菜

萃取白芝麻籽。黑麻油冒烟点较高（210℃）适合做菜，煮麻油鸡；白麻油就是香油，冒烟点低（177℃）可用来拌菜。

②

特级初榨橄榄油

含有丰富营养素，油炸食物最稳定

酸价低于 0.8，油脂不易酸败；冒烟点高（210℃），油炸食物表皮容易变酥，油脂不易渗入食物，对于遵循体重管理的人是最佳选择。

注1：橄榄油的纯度与游离脂肪酸高低，是冒烟点的关键，游离脂肪酸越高者冒烟点越低；当油温超过冒烟点温度，油的化学结构会改变。

注2：测定酸价意义，用来测量油脂中之游离酸含量；可表示油品本身酸败的程度。

资料来源：国际橄榄油协会（International Olive Council）。

3

苦茶油

最耐高温的食用油

这是很棒的油品。我的好友为了家人健康，持之以恒用苦茶油煮菜，孩子却嫌味道不好；其实只要改用来拌面，或在胃痛时直接喝 10 毫升就可解决问题。

4

椰子油

因散发淡淡椰香，较适合做甜点

萃取自椰壳内的果肉，含有饱和脂肪酸，冒烟点为 232℃，通常只在做甜点时使用。

5

玄米油

又称糙米油，不易吸附多余油脂

冒烟点高达 254℃，能做较高温的烹调，通常我用来煎鱼、煎肉。

6

亚麻仁油

颜色较深，亚麻仁籽气味浓郁

营养价值高，冒烟点低（107℃），可淋在沙拉里、加在果汁里。需要放入冰箱冷藏保存。

7

葡萄籽油

有助抗氧化，煎炒都适用

冒烟点为 216℃，适合炒或煎的烹调方式，我通常用一般瓶装的葡萄籽油制作鱼松。

营养素 **5** # 维生素
维持肌肉、脏器和皮肤的营养素，蛋类、鲜奶、肉类、豆类和菇类中的含量较多

维生素虽不会产生能量，但会参加身体的代谢调节，尽管需求量不多，一旦缺乏却会引起副作用——身体化学工厂的运作要靠"酶"来催化，而许多维生素是让酶活化的辅酶，甚至是组成辅酶的成分。绝大多数的维生素需要靠摄取食物来获取，只要吃得多样、均衡、正确，就能避免因维生素不足而引发的健康问题。

脂溶性维生素的来源

维生素A ➡ 维持视网膜正常的必需营养素

保护眼、耳、鼻、呼吸道的黏膜组织，维持上皮组织的健康，保护视力和牙床；缺乏时会得夜盲者、干眼症，皮肤也会角质化。

营养来源 肝脏、牛奶、乳酪、蛋黄、黄绿色蔬菜与水果（如胡萝卜、菠菜、番茄、木瓜、芒果）。

维生素D ➡ 帮助骨骼健全，预防骨质疏松

可促进磷和钙的吸收，帮助神经传导，健全牙齿和骨骼；缺乏时容易得"软骨症"、骨质疏松，易骨折。晒太阳和运动也能补充维生素D。

营养来源 鱼肝油、蛋黄、牛奶、乳酪、鱼类、动物肝脏等。

维生素E ➡ 自由基清除剂，可预防老化及癌症

可抗氧化、防衰老，并提升生育功能，强化骨骼；缺乏时会引起贫血、不孕、阳痿、前列腺肥大、提前衰老。

营养来源 植物油、胚芽、糙米、玉米、坚果类、深绿叶蔬菜。

维生素K ➡ 促进血液凝固不可缺少的维生素

促进葡萄糖转化为肝糖，帮助伤口血液凝结，并强化骨质。

营养来源 燕麦、小麦、黄豆、甜椒、山药、花椰菜、深绿叶蔬菜。

水溶性维生素的来源

维生素B₁（硫胺素）➡ 对神经、心脏皆有保护作用

B族维生素有几十个成员，其中8种是人体所必需。维生素B_1可保护神经系统、促进糖类代谢、维持心肌的张力、刺激肠蠕动；缺乏时会导致脚气病、神经炎、心力衰竭。

营养来源 酵母和胚芽中含量最多，其他食物包括糙米、紫米、燕麦、玉米、黄豆、红豆、绿豆、豌豆、芝麻、核桃、花生、绿花椰菜、金针菇、蒜苗、莲藕、山竹、榴莲、枸杞、牛奶、乳酪、肝脏、瘦肉、鱼、虾等。

维生素B₂（核黄素）➡ 促进糖类、蛋白质和脂肪代谢

可促进糖类、蛋白质和脂肪的代谢，刺激细胞再生，维护口腔、皮肤、视力的健康；缺乏时会引发脂溢性皮肤炎、口角炎、眼睛畏光、视力模糊。

营养来源 酵母、肉类、肝脏、蛋、牛奶、全谷类、坚果类、豆类、绿色蔬菜。

维生素B₃（烟碱酸）➡ 有助于神经系统的功能正常

担任辅酶促进各种代谢，维护消化系统健康，更是身体合成性荷尔蒙的必要物质，它可减少不良胆固醇，增加好胆固醇，避免气喘的发生；缺乏时会导致疲劳、倦怠、恶心、头痛、抑郁、腹泻、皮肤粗糙、痴呆。

中国俗谚："饥不暴食，渴不狂饮。"

营养来源 酵母、胚芽、糙米、绿豆、坚果类、绿色蔬菜、香菇、紫菜、无花果、瘦肉、肝脏、蛋、牛奶、鱼、虾、蟹、牡蛎、头足类。

维生素B₅（泛酸）➡ 可增加好的胆固醇、抵抗压力

维生素 B₅ 是构成辅酶的元素，也会参与抗体、荷尔蒙、胆固醇、脂肪酸的制造；缺乏时会疲劳、恶心，并出现神经症状和癞皮症。

营养来源 酵母、全谷类、荚豆类、肉类、内脏、蛋黄、鲑鱼。

维生素B₆（吡哆醇类）➡ 有助蛋白质和脂肪质的代谢

可促进糖类、脂肪的代谢，是氨基酸合成、分解、代谢的辅酶，可预防肾结石；缺乏时会出现体重减轻、贫血、抽搐、掉发等症状。

营养来源 酵母、麦片、胚芽、豆类、花生、松子、菇蕈类、黑糖、香蕉、牛肉、鸡肉、肝脏、肾脏、鱼。

维生素B₇（生物素）➡ 促进糖类代谢控制血糖

也称为"维生素 H"，可促进糖类、蛋白质和脂肪的代谢，参与维生素 C 的合成，攸关毛发、皮肤的健康；缺乏时会伤害中枢神经，并出现情绪忧郁、皮肤暗沉和发炎、掉发或白发、体重减轻等症状。

营养来源 酵母、胚芽、糙米、燕麦、豆类、核桃、花生、葵花籽、大白菜、高丽菜、菠菜、花椰菜、香蕉、牛奶、鸡肉、蛋黄、肝脏。

维生素B₉（叶酸）➡ 多吃可预防早衰和老年痴呆

参与细胞分裂，帮助红细胞生成，预防贫血，帮助身体运用 B 族维生素；缺乏时会生长迟缓、恶性贫血、抑郁、容易流产。

营养来源 酵母、胚芽、黄豆、豌豆、深绿色蔬菜、芦笋、南瓜、红萝卜、马铃

薯、香蕉、橘子、动物肝脏、瘦肉、油脂丰富的鱼。

维生素B₁₂（钴胺素）➜ 人体造血不可少的物质

可促进糖类和脂肪的代谢，保护中枢神经，预防贫血；缺乏时会出现四肢麻木、缺乏食欲、便秘、月经失调、恶性贫血、痴呆等症状。

营养来源 肉类、动物肝脏、蛋、牛奶、乳酪、贝类。

维生素C ➜ 主要来源为蔬菜水果，有修复细胞功效

可增加抵抗力、促进胶原蛋白的合成，帮助组织生长和修补、加速伤口愈合，让身体有基本的抗病、抗过敏和解毒能力；缺乏时会得坏血病，容易牙龈出血、蛀牙、皮下出血。

营养来源 柠檬、甜椒、番茄、花椰菜、高丽菜、上海青、菠菜、莴苣、芦笋、苜蓿芽、马铃薯、南瓜、豆苗、柑橘类水果、草莓、芭乐、奇异果、木瓜。

认识防御疾病的秘密➡植化素

植化素不是维生素，也不是纤维素，它是植物为了生存所演化出来的优势条件——蔬果之所以能预防疾病、各种植物自有独特的色彩和气味，植化素是其中关键。每种植化素有其特性，以下是最常见的几种：

花青素

最棒的抗氧化剂，可防癌，保护心血管和肝脏，维护视力，预防泌尿道感染；可从蓝莓、茄子、葡萄、芝麻中摄取到。

儿茶素

能促进脂肪氧化、抑制肥胖，清除自由基、延缓老化，并控制三高；可从茶中摄取到。

异黄酮

是一种植物性雌激素，可防癌、丰胸、改善围绝经期不适，并降低胆固醇、预防痴呆症；可从黄豆中摄取到。

褐藻糖胶

能抑制肿瘤周边血管的生长，阻断其营养，还能降血脂，预防动脉硬化；可从海藻中摄取到。

茄红素

抗氧化功效良好，可防癌，并增强免疫力、抗老化，提高精子的质量；可从红番茄、红芭乐、红西瓜、木瓜中摄取到。

β-胡萝卜素

强力抗氧化剂，可促进成长，强化生殖和泌尿系统，并保护视力和皮肤健康；可从红萝卜、地瓜、南瓜中摄取到。

虾青素

是类胡萝卜素的一种，可清除自由基，增强细胞再生力；富含于虾、蟹、鲑鱼，但需搭配藻类等植物摄取，才能在人体内合成。

姜辣素

可抗氧化，促进血液循环、温暖身体，预防感冒，抑制发炎和胆结石；可从姜中摄取到。

木质素

可以抗氧化，抑制癌细胞增生、降低胆固醇，让血液保持净化；可从芝麻中摄取。

矿物质
占体重的4%，主要是细胞组织、体内代谢及神经传导元素

矿物质只占人体体重的4%，却是构成细胞组织、维持代谢、神经传导的重要元素。

某种矿物质不足或过量都会损害健康，甚至会引起骨牌效应，影响其他矿物质的平衡。每日摄取量要大于200mg的称为主要矿物质，小于200mg的称为次要矿物质（或称微量元素）。

7种主要矿物质的健康功效、缺乏疾病及食物来源

钙 ➡ 帮助孩子骨骼成长

构成骨骼和牙齿，帮助神经传导，促使酵素活化。我的孩子处于发育期又很喜欢运动，因此体型和骨质都相当不错，足量的钙质成了大功臣。平时我会炒一些小鱼干让他们吃，因为小鱼干的钙含量最高，是牛奶的20倍。

营养来源 小鱼干、豆类、豆制品、坚果类、红绿色蔬菜、奶、蛋类。

磷 ➡ 促进体内酸碱平衡

大部分摄取的磷会和钙质结合，其余的会存在软体和体液之中，主要是促进糖类和脂肪的代谢，维持血液和体液酸碱平衡。

营养来源 全谷类、豆荚类、坚果类、奶、肉类、鱼类。

硫 ➡ 是构成氨基酸的成分之一

是组成指甲、毛发、软骨、胰岛素的主要来源之一。

营养来源 豆荚类、坚果类、瘦肉、奶、蛋类。

钾 ➡ 调节体内水分平衡元素之一

缺乏钾会神志不清、心律不齐、全身无力，钾离子太高会造成心脏停止跳

德国俗谚："粗食和空气新鲜是健康的本钱。"

动、猝死。

营养来源 糙米、燕麦、豆类、菇蕈类、根茎类、海藻、香蕉、樱桃、奇异果、肉类、动物肝脏。

钠 ➡ 有助体内酸碱平衡

缺乏时会肌肉痉挛，过量会导致高血压。

营养来源 奶、乳酪、蛋类、海藻、海产。

氯 ➡ 细胞内液、细胞外液的主要成分

让身体的酸碱中和、渗透压维持平衡，缺乏时会碱中毒。

营养来源 食盐。

镁 ➡ 构成骨骼牙齿的重要成分。

缺乏时会肌肉抽搐，出现成长障碍，过量会情绪抑郁、肌肉麻痹、呼吸衰竭。

营养来源 五谷类、豆荚类、坚果类、绿色蔬菜、奶、蛋类、瘦肉。

9种微量元素的健康功效、缺乏疾病及食物来源

铁 ➡ 血红素的主要成分

在月事来时，我会特别多吃含铁质的食物，以保持气色和体力。缺乏时会贫血、容易疲劳，过量时会引起肝肿大。

营养来源 全谷类、豆类、海藻、绿色蔬菜、葡萄干、奶、蛋类、瘦肉、动物肝脏、贝类。

铜 ➡ 与血红素的造成有关

缺乏时会使白细胞数量减少、贫血、引起心脏病，过多会累积在肝肾。

营养来源 坚果类、瘦肉、动物肝脏、贝类。

锌 ➡ 胰岛素成分之一

缺乏会食欲不振，伤口难以愈合，过多时容易发生痉挛、妨碍铜铁的吸收。

营养来源 豆类、坚果类、韭菜、茄子、肉类、海产。

锰 ➡ 与活化酵素有关

很少引起缺乏或过量，若缺乏会造成神经系统障碍。

营养来源 小麦、糠皮、坚果、豆荚类、莴苣、凤梨。

碘 ➡ 合成甲状腺激素的主要成分

缺乏会甲状腺肿大、发生呆小症，过量会造成甲状腺功能亢进症和病变。

营养来源 五谷类、绿色蔬菜、紫菜、海带、海产类、肉类、奶、蛋类。

硒 ➡ 能增强人体抵抗力

缺乏会造成关节问题、肌肉疼痛，过量会掉发、指甲变形。

营养来源 糙米、坚果类、花椰菜、大白菜、洋葱、芹菜、蛋黄、肉类、动物内脏、海产。

钴 ➡ 有助人体抗氧化

是构成维生素B_{12}的元素，缺乏时发生恶性贫血，过量时会引起红细胞过多症。

营养来源 豆类、坚果类、甜菜、高丽菜、茶叶、动物肝脏、贝类、可可。

钼 ➡ 形成酵素的辅助因子

缺乏容易结石和蛀牙，过量则会痛风、发育迟缓。

营养来源 酵母、胚芽、绿叶蔬菜、蛋类、肉类、动物内脏。

氟 ➡ 使牙齿坚固的必须营养素

缺乏会引起蛀牙，过量会造成牙斑。

营养来源 菠菜、海产类、骨质食物。

英国文学家莎士比亚："每一杯过量的酒都是魔鬼酿的毒汁。"

Q & A 朋友们最常问我的饮食问题

这样做，轻松实践"无毒、健康生活"

Q 为什么要让孩子吃完早餐才出门上学？

A 我规定孩子要吃完早餐才可以上学，小女儿有时起晚了，便会抱怨这项规定。这时我会告诉她，就像出门前汽车要先加油，小朋友想要学习力强，就需要充分的营养。在家吃早餐的好处很多，食物进入消化道能刺激肠胃蠕动，吃过饭、上过厕所再出门，就不必担心便秘了。便秘等于将毒素留在胃肠道里慢慢回收，这对身体是很大的伤害，免疫力一定会下降。每天早上，**先用温开水让孩子把细胞苏醒**，在早餐前先吃水果，孩子若告诉我"昨天肚子里很硬，上厕所很不舒服"，我会在温开水里加点蜂蜜，并把水果改为果泥。正式的早餐可能是一杯薏仁浆或温豆浆，而水煮蛋是我唯一允许他们"带去学校再吃"的食物。

Q 如何分配家人的三餐饮食比重？

A 我给孩子的三餐和点心，**比重大约是早餐30%、午餐40%、点心5%、晚餐25%**；如果不吃点心，午餐可以增为45%，或是早一点吃晚餐（增为30%）。现代人都知道晚餐要吃得简单，因为夜间活动量少，所需热量相对少，而胃却需要休息。我建议晚餐尽量吃能稳定情绪、帮助入睡的食物（例如香蕉），少吃消化困难的食物（例如汤圆、糯米饭）。

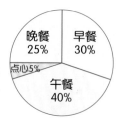

Q 为什么淋到雨要赶紧喝姜汤？

A 孩子有时忘了带雨具或偷懒不撑伞，湿淋淋地回到家，我会立刻让他们喝碗热的黑糖姜汤。淋湿之后，毛孔张开又受寒气入侵，很容易生病。生姜可以杀菌，具有行气活血、去湿散寒的特性，而黑糖也是温补的食材，两者搭配相得益彰，**可提升免疫力，预防感冒**。

Q 有人说地瓜汤最好连皮煮，为什么呢？

A 连皮煮、连皮吃，才能吃到全食物的营养素，前提是地瓜必须有机无毒。买回地瓜之后，用棕毛刷洗干净，请勿用钢刷或塑料刷去用力刮洗，那会造成表皮损伤，且容易有重金属或塑化剂残留。除了地瓜，山药、南瓜也可以照此方法处理。

Q 听说红豆水能消水肿，要怎么煮才对呢？

A 红豆水能消肿，绿豆水也行。秘诀在于煮之前得先将**红豆浸泡4小时**，然后用中火煮开，但豆子不可破壳，以免淀粉被释放出来。煮好的红豆水或绿豆水不加任何调味料，放凉后当开水饮用，可利尿、排毒、消除水肿。

Q 煮青菜为什么要打开锅盖？

A 很多菜农为了让叶菜漂亮，过度使用化学肥料，导致青菜有大量硝酸铵残留。在不确定青菜是否有机无毒的情况下，**煮的时候最好把锅盖掀开，开启抽油烟机，让有害成分挥发掉**。烫青菜的汤汁请不要喝，也别用来煮其他食物，以免喝到"高浓缩化学肥料汁"。

Q 炖汤时，汆烫鸡肉或排骨的水一定要倒掉吗？

A 请先思考为何要做汆烫的动作。如果是担心灰尘或脏污沾黏，用清水冲洗几遍就行了；如果是担心看不到的细菌，即使汆烫也解决不了问题。我的建议是：不要购买温体肉（未经冷藏冷冻的肉品），改买无毒可靠的畜养肉品，就算不汆烫也无所谓，更不必在意汆烫的水要不要倒掉。汆烫或煮汤时，浮起来的泡沫是蛋白质，一般人会把它捞除，让汤看起来干净些。我想提醒大家，那些蛋白质其实无害，如果想要**汤汁看起来清澈，改以小火煮吧！**

法国俗谚："与其求医服药，不如买菜吃肉。"

Q 为何蒸食物不宜用自来水?

A 因为自来水添加了氯，加热后会随水蒸气上升，冷却下降后就会进入食物里。比较合适的做法，是将自来水过滤后再使用。

Q 煮玉米的水到底能不能喝?

A 可以，而且一定要喝，千万别浪费好东西！煮玉米前，请先冲洗外层的叶子，整颗连叶一起煮；煮好待凉后，取出玉米，把剥下的玉米叶、玉米须放回锅中再煮沸，加少许盐，然后把汤汁滤出来喝。这碗玉米水能利尿、降血糖、消水肿，前提是玉米必须干净无农药，否则就成了农药汁。

Q 一起床就喝咖啡合适吗?

A 咖啡是提神饮料，很多人早晨不来上一杯就醒不过来，我觉得这是心理依赖，只要吃对的东西也能达到相同效果。早上是一天的精华，理应让身体吸收最好的营养素，所以我把一早喝咖啡的习惯戒掉，把胃的空间留给好食物，至于咖啡就延迟到饭后再来享受，还能帮助消化。

Q 用蜂蜜酿过的水果干为什么是黏黏的?

A 我常烘烤水果干给孩子当零食，绝大多数都是原味，只有奇异果太酸，会先用蜂蜜浸泡。小女儿发现，每种果干吃起来都脆脆的，只有奇异果干口感黏黏的，她观察我的做法后，质疑关键在于蜂蜜。没错，奇异果干之所以黏黏的，是因为纯正蜂蜜的水分很少，已经蒸发掉了，但比重很高的氨基酸却还留在果干上；如果用高水分又掺入许多糖的假蜂蜜浸泡，烤出来的果干就会清爽干燥。

Q 老人家怕胆固醇高，最好别吃蛋，顶多只吃蛋白，这样对吗？

A 蛋是很好的食物，蛋白含有各种必需氨基酸，蛋黄则有各种维生素（除了维生素C以外），还有卵磷脂、矿物质、微量元素。尤其是卵磷脂，它能促进胆固醇的排除、预防动脉硬化、预防老年痴呆症，对长者来说，这么好的东西为何要舍弃？成年人一天的胆固醇摄取上限是300mg，一颗鸡蛋的胆固醇是250mg，比例确实偏高，因此吃蛋的频率需要控制，而不是舍弃不吃或光吃蛋白。成长发育中的孩子每天可以吃1个，健康成年人每周可以吃3个，至于**老人和高血压患者每周可以吃2颗**。

Q 每天到底需要摄取多少蛋白质？可集中在早上或中午吃吗？

A 把一天所需的蛋白质集中在一餐里吃完，这绝不是好主意。**成人每日蛋白质的摄取量以体重来计算，体重多少千克就摄取多少克的蛋白质，而且最好平均分配在各餐。**例如60千克的人，一天需摄取60克，可以三餐各20克，也可以稍做调整，早餐25克、午餐20克、晚餐15克，身体才能做最好的吸收和利用。血清中的蛋白质含量是长寿的指标，想维持正常血液渗透压，白蛋白不可太低。有些老人牙口不好，几乎不吃肉，对豆类又不感兴趣，蛋白质摄取过少以致免疫力下降，容易得肺炎。

Q 长时间使用电脑，该吃哪些食物？

A 有3种食物是电脑族最该吃的：**第1种是红萝卜**，所含的β–胡萝卜素能排毒和对抗自由基，抵抗电磁波伤害，并保护眼睛；**第2种是洋葱**，久坐不动的电脑族容易胖在腰腹，血液循环也变差，洋葱可促进新陈代谢、排除胆固醇；**第3种是绿茶**，它的茶多酚有很强的抗氧化力，能抵御辐射深入骨髓，被视为辐射克星。此外，柑橘、芝麻、奇异果也适合多吃，这些食物可以抗氧化，改善眼睛疲劳并排除有害物质。

印度俗谚："吃错食物用药就没意义，吃对食物就不需要药。"

第8课

我家绝对不吃的20种假食物
罐装饮料、勾芡的、调味过多的一律列入我的黑名单

❶ 汽水 ➡ 化学粉末与二氧化碳调配而成

我家儿子本来很喜欢喝汽水，有次出游刚好看到有人在示范汽水的制作过程，只见那位大哥哥拿了几罐粉末倒来倒去，没1分钟就变成橘子汽水，从此我儿子再也不喝了。我反对孩子喝汽水，不仅对身体无益处，还会发胖，更甚者还会**引起钙质流失**。

❷ 合成果汁 ➡ 香料加色素就成了假果汁

前述提到水果榨汁的动作最好自己来，避免残留在果皮上的农药跑到果汁里。而合成果汁的隐忧又更上一层，除了农药，更要担心香料问题。果汁分为一次榨和二次榨，第一次榨汁完后，把剩余的果粒掺水，**再加些色素、糖、香料**，又变出第二瓶果汁，够神奇吧！除非是我现榨，否则绝不给孩子喝外面买的果汁。

❸ 铝箔包豆奶 ➡ 合成、加味的化学香料豆奶

所谓草莓豆奶、鸡蛋豆奶，说穿了，只不过是**添加了草莓香料、鸡蛋香料**，用气味来糊弄孩子们，这些化学香料吃到肚子里，可能像广告所言，让小朋友变得健康、聪明吗？我告诉孩子，如果想喝豆奶，我们就到可靠的豆浆店买新鲜现做的豆浆，不然就等假日和妈妈一起泡黄豆，我们在家煮豆浆吧！

100

❹ 店铺卖的奶茶 ➡ 关键的奶粉，就是化学调味粉

店铺卖的奶茶有众多口味，不管是芋头、焦糖还是椰子口味的，我一概不准孩子喝。你知道商家怎么调出那杯奶茶吗？**关键是粉末！** 它的制作原理和汽水是相同的。网络上有人做实验，把芋头奶茶放置常温环境，发现3天后出现固体沉淀物，5天后竟然变成蓝色，还散发出恶臭味。天然的东西坏掉应该是酸臭味，而不是恶臭味。我跟孩子说，**喝那种东西，等于把身体当作装了化学原料的瓶子。**

❺ 肉羹 ➡ 太白粉勾芡，多半吃进热量没营养

有厂商告诉我，太白粉多半没有营养价值却有高热量，因此**添加了许多太白粉勾芡，又不知肉品来源的肉羹，在我家是双重不及格。** 我不喜欢让孩子吃烩饭，也不愿他们用汤汁拌饭，那样不仅容易发胖，还往往咀嚼不足。

❻ 烧仙草 ➡ 太白粉加嫩肉粉，让我不敢尝试

我一直认为烧仙草只需用仙草干熬煮就行了，有一次买了些仙草干，我就自己尝试煮一煮，没想到煮得再久也只是液体状的仙草茶，没办法像市面卖的烧仙草那样稠稠的。我打电话问店家，他告诉我必须使用太白粉帮忙，我一听就立刻放弃，跟家人宣布，我们今天只能喝仙草茶了。朋友告诉我，**有人会加入"嫩肉粉"**，我听了更是傻眼。虽然嫩肉粉是植物抽取出来的蛋白质分解酵素，没有证据说它会伤害健康，但我不想让家人成为实验品，所以烧仙草也连带地成了我家禁吃的食物。

❼ 热狗 ➡ 连我的畜产养殖业的朋友都望之却步

不只是我，连我做畜产养殖的朋友，也不愿意让他家孩子吃热狗。很多不良厂商专门**收集快过期的肉料**，通过乳化机将肉乳化，然后灌进模子里，这期间有的会**使用肉精和黏着剂**。我承认热狗对孩子的魅力，远超过其他食物，如果他们真的非吃不可，妈妈的要求是，只准去便利商店买热狗机上的大热狗，而且只能隔很长时间去一次！

❽ 薯条 ➡ 直接摄取到反式脂肪，会造成心血管疾病

我不反对孩子吃马铃薯，但是炸薯条真的不能多吃，市面上的炸薯条为了香酥的口感，很多是使用**经过部分氢化的植物油，而这正是摄取到反式脂肪的最大隐忧**。反式脂肪对身体有百害无一利，它会使血液里的低密度脂蛋白胆固醇（LDL，不良的胆固醇）提高，使血液里的高密度脂蛋白胆固醇（HDL，好的胆固醇）降低，还会造成动脉硬化、心脏疾病。

我家原本就很少吃油炸物，在家炸薯条的概率是零，我宁愿把马铃薯水煮或炖煮，或是偶尔烤一次来给孩子们解馋。

❾ 奶油球 ➡ 没有牛奶，是植物油和添加物调成

有一次，我们全家人去餐厅用餐，小女儿的附餐饮料是红茶，旁边附了一个奶油球。奶油球是我家从不出现的东西，她好奇地想吃吃看，却马上被哥哥制止。

儿子说："妈妈在看的书上有写，**奶油球根本没有牛奶，只有植物油、水和添加物**，这种不自然的东西你不要吃啦！"说完还请服务生帮忙把奶油球换成一小杯鲜奶，让妹妹调成奶

茶。至于奶油球为何要加添加物，这是为了让植物油变得白白的，看起来和牛奶很像，搭配这么好听的名字，消费者的大脑就会自动认为奶油球等于牛奶！

⑩ 炸鸡 ▶ 肉品来源堪忧，又添加过多调味料

　　刚炸好的炸鸡、鸡排又香又好吃，但是它背后的隐忧也不少。首先是鸡肉来源不明，有可能是**生病鸡、喂食抗生素长大的"快速鸡"**。而为了让鸡肉吃起来柔软可口，还会加入嫩肉粉、鸡粉来提味。腌制鸡肉所用的调味料及外层裹粉，也可能充满化学添加物。高温油炸会让油品产生化学变化，让肠胃不易消化，有研究指出，常摄取油炸食品，还会引起气喘、过敏等呼吸道问题，长期下来，对身体绝对是一大负担。

⑪ 薯片 ▶ 含有农药、防腐剂，只是调味剂的产物

　　从孩子小时候我就告诉他们，薯片是高盐、高糖、高热量的垃圾食物，这种东西不可以出现在我们家。薯片的原料是马铃薯，这种地下作物极可能含有农药、防腐剂，或属于基因改造作物。在无法确认薯片的来源是否安全的状况下，我不赞成孩子吃。再者，薯片采取高温油炸制作，为了香脆好吃，会添加L-麸酸钠（味精）等调味剂，而且普遍钠含量较高；市面上的薯片口味繁多，说穿了全是**多种香料和调味剂的产物**。为了防止薯片受潮不脆，以及避免氧化后出现油耗味，厂商会添加抗氧化剂，还会添加防腐剂让可销售时间延长。

⓬ 口香糖 ➡ 多属于橡胶制品，你还敢吃下肚吗

有人问我："口香糖又不吞下去，就算掺了食品添加物有什么关系？"请思考一下，口香糖刚吃的时候香香甜甜，吐掉的时候却没味道，那些香甜的东西到哪去了？你确定没有被你吃下肚吗？

口香糖的添加物很多，包括抗氧化剂、色素、香料、乳化剂、树脂、明胶、动物胶、木糖醇、人工甘味剂（阿斯巴甜）等；**可以吹泡泡的更是橡胶制品，属于石化产物，这样的东西我是不准孩子吃的。**

⓭ 凉面 ➡ 添加硼砂和防腐剂，常吃会损害健康

每年夏天都会有凉面抽检不合格的新闻，它的大肠埃希菌数很容易超标，制作过程中、完工后的保鲜都有难度。

部分业者为了让面条有弹性，**制作凉面时经常添加硼砂；**硼砂吃进人体会转成硼酸，可能造成急性中毒、呕吐、腹泻等，甚至会损伤肾脏。至于酱包，为了延长保鲜期，常会添加防腐剂，而且钠含量几乎都超标，这样的食物我家当然不吃。

⓮ 便利店饭团 ➡ 必须添加物高达数十种，绝不能吃

在所有便利商店的食物里，我最不希望孩子购买的东西是饭团！我告诉他们，想吃饭团妈妈做，否则也该去早餐店买现做饭团，而不是在超市买。

海苔、米饭、肉松或其他馅料，都有添加物的问题，每项原料若有四五种添加物，包成一颗饭团不就有10种以上了？**其**

中"必加"的抗氧化剂、调味剂、保鲜剂等，都是我不让孩子吃的理由。

⑮ 鸡蛋布丁 ➡ 没有鸡蛋和牛奶，俨然是个化学怪物

每个孩子都爱吃布丁，但我告诉她们，许多厂牌的鸡蛋布丁根本没鸡蛋，反而有一大堆食品添加物，她们听了之后很生气，再也没吵着要吃。现在我家偶尔能吃到布丁，是姊妹俩自己看书学着做的。

制作鸡蛋布丁，只需使用牛奶、鸡蛋和黑糖。但坊间有些布丁会添加焦糖色素、玉米淀粉、香料、乳化剂、食盐、卡拉胶等，为什么呢？因为要大量生产，商人为了方便制作和产生高利润，用香料取代鸡蛋、用人工甘味剂取代糖，用乳化剂取代牛奶，还加了凝固剂，**整颗布丁俨然成了化学怪物**，我家当然不吃这种东西。

⑯ 罐装咖啡 ➡ 铁罐包装验出致癌双酚 A

日本自从罐装咖啡检出双酚 A 之后，罐装食物的包装材料才受到重视。"双酚甲烷 A"又称为双酚 A 或酚甲烷，这是近年来备受讨论的环境荷尔蒙，加热后会刺激雌激素，动物实验已证明会导致猕猴的卵发生染色体异常。

再者，罐装咖啡里，并非只有咖啡豆和水，**还添加了香料、乳化剂、碳酸氢钠（小苏打）等**，因此我和先生不喝罐装咖啡，宁可自己现煮。

阿拉伯俗谚："天下有千种疾病，却只有一种健康。"

⑰ 烤鱿鱼和鱿鱼丝 ➡ 化学添加合物全都有，会引起过敏和致癌

每次逛夜市，孩子都说烤鱿鱼好香，我带着他们站在摊子旁观察，离开后再问他们看见什么、可推测出什么。

孩子告诉我，老板刷了很多酱汁，鱿鱼闻起来又甜又咸又辣，调味很重，可能会伤害肾脏。这时再问他们要吃吗？个个都摇头。

零售的鱿鱼丝在加工过程中，厂商可能会用二氧化硫或过氧化氢来漂白，又放了亚硝酸盐保色，用己二烯酸钾来防腐，整体来说，颜色越白的鱿鱼丝问题越多。

目前已知二氧化硫会引发气喘、过氧化氢有致癌性、亚硝酸盐会和胺结合变成致癌物亚硝酸胺盐、己二烯酸钾会引起过敏……这些添加物够恐怖吧！

⑱ 蜜饯 ➡ 吃进一堆添加物，不如吃新鲜水果

哪有女孩不爱蜜饯，但我告诉女儿，这真的不能吃。理论上，蜜饯是用水果腌渍而成，姑且不论原料有没有受农药污染，在制作过程添加太多可怕的东西，就足以将蜜饯列为拒绝往来户。

蜜饯在制作过程会添加"糖精"，动物实验证明会诱发膀胱癌。此外，蜜饯会添加人工色素来补救"褐变反应"造成的色泽暗黑、添加"亚硫酸盐"当作漂白剂，并加防腐剂延长保鲜，很多人吃了会气喘、呕吐、腹泻或起荨麻疹，想想还是改吃新鲜水果吧！

⑲ 发酵乳 ➡ 少喝市售优酪乳，用粉状补充益生菌

发酵乳就是大家所谓的优酪乳。很多人冲着益生菌而给孩子喝发酵乳，希望让孩子肠道健康、改善过敏。益生菌对提升免疫力确实有好处，但我宁可直接买干燥粉状的益生菌帮孩子补充，也绝不给他们喝市售的发酵乳。

发酵乳里究竟含有多少益生菌、加了多少糖、运送条件如何，我对这些都保持怀疑，然而已知里面添加了安定剂、浓稠剂、香精、果糖……光是这些食品添加物就让我打退堂鼓了。

⑳ 微波食品 ➡ 仍有安全疑虑，不用为上策

我家当初购买的微波炉，无论在功能、品牌、机型都很不错，然而十年前就被舍弃了，原因有三：其一，市面上充斥的微波食品不符合我寻找真食物的原则，我下定决心将它们赶出生活；其二，我认为微波加热会影响食物分子，吃了对健康不好；其三，微波炉的门虽设计了封条，但塑胶若老化便难完全密封，偏偏我们无从观察微波是否外泄，一旦外泄会对生殖系统、眼睛、皮肤等造成伤害，容易致癌。

微波炉的加热原理，是利用微波快速震荡，让水分子摩擦产生高热，使食物变熟。曾有人实验过，用微波过的水养虾、养鱼，虾和鱼都死了，用来浇花，花也枯掉；至于用来加热食物，对营养素到底有没有影响、吃了有没有伤害，全球科学家的看法两极化。在这种情况下，我们何苦非用微波炉不可呢？

德国俗谚："粗食和空气新鲜是健康的本钱。"

第9课

我们外食也能安心吃

日、西、中式料理及火锅和夜市小吃，防毒妙招大公开

日式餐厅，是我最常选择的外食料理

我家三餐都开伙，很少有机会外食，撇开出差拜访农户和厂商不谈，一个月顶多在外吃一两餐。当我必须在外吃饭时，会用心做些选择。

日本料理的问题相对较少，一来我会选择有品质的店家，二来我常点的食物，通常料理步骤很简单，工序少，添加物也少。

吃生鱼片，我会自己带酱油

生鱼片是我去日本餐厅必点的料理，考量到重金属污染严重，我会尽量**挑选中小型鱼**。此外，坊间的化学酱油太可怕，我会在包包里自备一小瓶"无二酱油"。

吃虾卵要小心，是否有添加色素

孩子们喜欢的虾卵手卷或寿司，我会建议他们改点其他口味，因为虾卵稀少而昂贵，多数餐厅用**柳叶鱼的黄色鱼卵，加入色素去染成橘红**。吃鱼卵事小，吃到色素就不妥了。

▲ 到日式料理用餐，我会自备酱油，至少能安心些。

哇沙米，不是现磨的我不要

哇沙米是日本料理必用的调味料，也就是山葵。前文提到真正的山葵酱要用山葵去磨，真正的芥末酱要用芥菜籽去制作，然而现在吃到的"芥末"，绝大多数是用**便宜的"辣根"充数，加上色素和化学物质调配出来的**。辣根又叫西洋山葵，比阿里山山葵更呛辣，因过于刺激，有些人会被灼伤。吃日本料理时，我会要求店家提供山葵现磨，否则宁可不蘸哇沙米。

想吃油炸食物，考虑食材及种类

在可信赖的日本料理店，如果孩子提出想吃油炸食物的要求，**我会先考虑"时间点"**。如果时间还早，代表当天的炸油应该还很干净，我就会同意，否则会以"时间太晚，油不干净"为理由，请孩子改变主意。当我同意时，我会建议他们点蔬菜天妇罗（日式料理中的油炸食品），例如地瓜、芋头、牛蒡、四季豆、茄子、青椒等，而不给他们吃炸虾、炸猪排、炸白鱼、炸生蚝等蛋白质类。

醋饭和酸菜，我会先闻再吃

制作醋饭会添加白醋、白糖和少许盐，酸菜更得用醋去腌渍，因此在吃之前我**会先闻一闻**，没有刺激的酸味才吃；如果味道很呛鼻，很可能是用冰醋酸稀释和调味的化学醋。

铁板烧，相比之下我较放心

热食烹调类，铁板烧是我最能接受的外食形式，因为能看到食材的原始样貌，还能看到厨师的料理方式、添加哪些东西，有疑问时还能直接请教厨师。不过吃铁板烧之前，我会提醒孩子别喝浓汤，吃沙拉前要留意新鲜状况。

▲ 吃外食时，要记得先看、闻，确定没异样才入口。

古希腊哲学家希波克拉底："食物是最好的医药。"

专家这样吃

酱油问题知多少

寻找无毒的真食物，如果烹调时用了有毒酱油，等于让前面的努力化为乌有。因为这个想法，我花许多时间去研究酱油，了解酿造是耗时的大工程，如果借助化学原料和方法，两三天就有成果，不过做出来的酱油真的很不健康。

制作酱油分为3类：

❶ **一般酱油**：制作过程需6个月以上，可量化，做出来的酱油加热后香味容易挥发。

❷ **化学酱油**：原料是黄豆片、黄豆粉、食盐、糖、盐酸和纯碱，以碱类中和除去强酸，3天就完成。颜色较黑，且大多用塑胶材质包装。

❸ **纯酿酱油**：在完全无法接受化学酱油，一般酱油的品质又令我无法满意的情况下，我决定找厂商开发"无二酱油"，它的原料只有黑豆和天然海盐，历经"洗涤→高压蒸煮→制曲→洗曲→加盐入缸发酵→日晒4至6个月后取出→过滤萃取→调味杀菌→沉淀过滤→最后装瓶再杀菌"的制作过程，纯黑豆发酵酿制，以手工萃取原汁原味，既没有防腐剂，也没添加焦糖着色，味道耐煮、耐卤，好滋味之外，更让人安心。

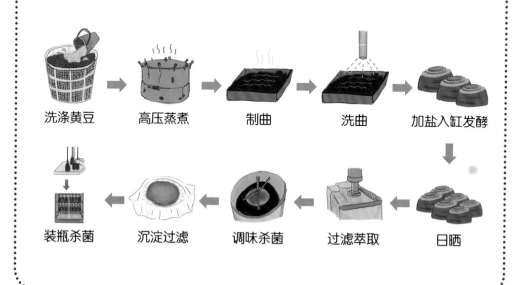

洗涤黄豆　　高压蒸煮　　制曲　　洗曲　　加盐入缸发酵

装瓶杀菌　　沉淀过滤　　调味杀菌　　过滤萃取　　日晒

西式餐厅，注意乳制品及高温烹调的食材

意大利餐厅，番茄 + 培根的料理，千万不要点

　　我认为西餐礼仪是需要学习的，而我们家对西餐厅的挑选仍有所坚持。我家的孩子很喜欢意大利菜，然而有些食物并不是那么健康，例如奶油类的意大利面和焗饭，因无从知道乳制品的品质、有无反式脂肪，我会建议孩子们舍弃；**又如番茄培根口味绝不能点，含胺的食物和含亚硝酸盐的食物混在一起形成亚硝胺，是会致癌的。**相比之下，青酱和白酒口味是我比较推荐的。

　　孩子都爱吃比萨，我会挑选乳酪量较少的，上面的配料最好有蔬菜，例如鳀鱼栉瓜口味的比萨就比芝士腊肠的多了维生素 C；若吃窑烤比萨，点餐时我会提醒不要烤焦。汤品方面，除非是南瓜泥打制的浓汤，其他浓汤一概不点；我会坚持点些蔬菜沙拉让孩子们搭配着吃，以免营养不均衡。

美式餐厅，很少有适合我吃的

　　偶尔去美式餐厅，我总觉得找不到东西吃。炸薯条、炸鸡、烤鸡、炭烤牛排、奶昔、可乐、调酒等，第一轮就被淘汰；汉堡与三明治可考虑，但蔬菜实在太少了，满满的肉排、多层芝士和酱汁，热量和调味料都超量；菜单看了半天，最后只会选沙拉和意大利面，这时我们母子就会大笑："是谁说要来美式餐厅的？还是吃这些啊！"

法国餐厅，少吃高温焗烤和未煮熟的海鲜

　　为了训练孩子用餐礼仪，我会带他们去法国餐厅。**但是经过高温烹煮的焗烤类食物，易产生"碳化现象"，**通常我会请他们放弃；至于生蚝、生鲑鱼等生的海产和生牛肉，易产生"肠炎弧菌"、"大肠埃希菌"，我也不鼓励他们吃。

西班牙俗谚："戒之在食，胜过敦聘百医疗病。"

火锅店，不选能让你吃到饱的，绿色蔬菜最后煮

吃到饱，从不是我的选择

天气冷的时候，孩子有时会想吃火锅，我们偶尔也会去解解馋，但从不光顾能让你吃到饱的火锅店，因为这和我的饮食原则有许多地方相违背。火锅店会附赠饮料、冰淇淋或甜点，这些东西我们几乎不吃外面的。例如饮料，绝大多数是用果汁粉、红茶粉泡的，至于冰淇淋有乳化剂、香料和色素，孩子也知道不该吃。

至于可无限取用的火锅料，尽管冰柜里琳琅满目，我却无从下手，找不出新鲜安心的食材，那些丸子、鱼饺、热狗，姑且不论原料的好坏，光是制作过程中就掺入很多食品添加物。相比之下，我宁可带孩子去单点食材的火锅店，想吃什么、想吃多少自己做主。

汤底，我习惯这样子点

火锅店的花样越来越多，尤其是涮涮锅，番茄、香茅、咖喱、芝士、甘蔗、海带、麻辣……多不胜数，光看完就要不少时间。我尊重孩子的口味，但教他们如何吃得健康一点，所以我们会各自选择喜欢的汤底，请服务人员上锅时将汤底减半，另外给我们一壶白水，自己加水稀释。

肉类，我会做这些观察

因为我不吃饺类和丸子，吃火锅时一定会吃肉片。服务人员上菜时，我会立刻检查肉片是否冷冻着，如果已是半退冰状态，我会要求更换。此外，肉的颜色太红或太白，我就不吃了。我还会观察肉的纹理走向，如果很奇怪，就会放一片进锅子涮涮看，**若一涮就分解，那就是组合肉**。

这些东西，我绝对不吃

吃火锅很容易吃入太多调味料，所以基本上我和家人都不沾沙茶酱，只沾

少量的和风酱，吃得清爽些。考量到鸡蛋的问题很多，我几乎不在外面吃，更遑论鸡蛋很容易受沙门杆菌污染，绝不会拿生蛋黄蘸其他的东西吃。

煮锅，我按照这个顺序

就像在家烹调一样，烫过蔬菜的水不宜拿来喝，而且我习惯先吃肉再吃菜，最后吃饭，在外吃火锅时，同样遵循这些原则，衍生出一套煮锅的顺序——先煮白色青菜→加入可久煮的玉米、番茄、豆腐→喝汤，捞出豆腐吃→涮肉吃，再吃锅里的白色青菜，并喝汤→煮绿色青菜吃，吃点白饭。**在绿色青菜下锅之后，我就绝不喝汤。**

火锅久煮，不营养也不科学

我知道很多朋友嫌煮锅麻烦，就用大锅煮的方式，一口气把菜盘全倒入火锅，把火开至最大，久煮、慢吃。我觉得这并不合适，所有的食物混在一起，很难吃出原味，而不断煮沸也将营养素破坏；更何况像酸菜白肉锅、泡菜锅、海鲜锅在久煮之后，亚硝酸盐会大量增加，建议不要这么做。

专家这样吃

煮火锅，我有独特的防毒步骤：

先煮白色青菜 → 加入玉米、番茄豆腐 → 喝汤吃豆腐 → 涮肉、吃白色青菜 → 最后放入绿色青菜

古罗马作家老普林尼："自然界到处有医药。"

中式餐厅，是我家最少去的餐厅类别

私房菜，工序太多我不点

中式餐馆是公司聚餐的首选，却是我家最少去的餐厅类别，因为孩子觉得这些菜由妈妈做就行了。很多人去餐厅专门点私房菜，例如砂锅鱼头、佛跳墙等，制作费工，一般人在家通常不太会做。然而这种菜是我最不愿意点的，由于工序复杂，炸、卤、烤、蒸、煮……**多种煮法混搭等于风险加倍**。

海鱼，并不是越大只越好

我们全家人都爱吃鱼，如果去中餐厅，一定会点鱼。通常我会点海鱼，并选择重3~5千克的中型鱼，因为这种大小的鱼受重金属污染的程度较轻。如果要点鳕鱼、鲑鱼、旗鱼这些大型鱼，**我会先观察鱼片直径，若太大就不点了**。至于烹调方式，清蒸比油炸和烧烤理想，新鲜与否立可判断。

专家这样吃

我家外食的十大"避"点菜单

在中式餐厅里有10道菜式，是我家上馆子绝对避开不点的——

❶姜丝大肠：姜有高农药和漂白问题，大肠往往会以药剂清洗（甚至漂白），煮的时候会加醋精，它是人工合成产物而非酿造，主要成分是醋酸。

❷东坡肉：五花肉需氽烫、油炸，再加卤汁红烧，绝对高油、高盐、高糖；为了让肉易烂入味又不易坏掉，很多店家会在卤汁里添加"秘方"，长时间加热会让问题更加严重。

❸客家小炒：问题出在多样化的食材，为缩短做菜的准备时间，餐厅几乎都会用温体猪肉，并用药水发泡鱿鱼，而豆干有转基因和漂白问题，青葱和芹菜则常有农药残留的可能性。

❹腌菜肉片汤：腌菜虽然好吃，但发酵问题堪忧，为缩短制作过程和降低失败率，很多厂商以化工发酵取代天然发酵。

羊肉，相比最干净的红肉

如果要点红肉，羊肉是我家的首选，因为和牛肉、猪肉相比，羊肉相对安全。**羊对生长环境的要求严格，水质必须干净，住处必须干燥，而且草是它们的唯一食物。** 此外，羊肉有大量的B族维生素，常吃能消除疲劳、增强免疫、预防过敏，不过，吃涮羊肉时一定要烫至全熟。

上中餐厅，我自己带茶叶

中餐厅会提供热茶，姑且不计较好不好喝，**茶叶有没有农药残留才是最大疑虑。** 如今进口的茶叶很多，我特别担心除草剂问题，所以包里随时带着茶叶；如果有孩子同行，我还会自备干菊花，只要向餐厅要壶热水和冰糖，就能提供孩子冰糖菊花茶了。

上馆子，不应该变成常态

以前的人餐餐在家吃饭，偶尔才上馆子打牙祭。现代人工作忙，很多人平日以外食为主，假日更要全家一起吃大餐，或邀约朋友品尝美食，如此将外食视为常态，并非好事。

❺**糖醋排骨**：排骨以高温油炸，蛋白质易变质；酱汁加了番茄酱、糖、醋、盐等调味料，还会以太白粉勾芡，热量高，肾脏负担也大。

❻**宫保鸡丁**：鸡丁高温油炸过再炒，蛋白质易变质；花生若没保存好会有黄曲霉毒素；干辣椒有很多走私货，除了农药残留，制作时常加入防腐剂。

❼**红烧鱼**：鱼必须先炸再回锅红烧，含油量很高；葱、红萝卜、甜豆易有农药残留，笋片和姜有漂白问题，最后还用太白粉勾芡处理。

❽**凉笋沙拉**：笋子常有农药和漂白问题，煮熟久放的大肠埃希菌数会超标；沙拉酱不但高糖高油，还添加了乳化剂。

❾**蟹肉豆腐羹**：蟹肉的新鲜度堪忧，毛豆和制作豆腐的黄豆可能有转基因问题，高汤是用熬的？还是用化工合成的一滴香？最后还加入不健康的太白粉。

❿**生菜虾仁**：虾仁除了重金属、抗生素问题，还可能添加了硼砂；油条添加了明矾，并用高温油炸；生菜不仅担心有农药，还有清洗是否彻底的疑虑。

法国作家巴尔扎克："规律生活是健康长寿之秘诀。"

小吃夜市8大原则这样吃

我家离夜市很近，有时我们会去遛一遛。牵着孩子的手，一路走一路看，我会发问："你们觉得这可以吃吗？""哥哥认为问题可能出在哪？""妹妹，万一我想吃怎么办？"他们的分析总能带给我很大乐趣。

当孩子年纪小，尚未建立无毒生活家的观念时，也会吵着想吃某些食物；因此答应去逛夜市之前，我会对他们重申以下原则，只要遵守就能安心吃美食，快乐逛夜市！

原则 ① 想喝饮料就买阳桃汁或仙草茶

这两种饮料的糖分相对较少，对肾脏最无负担，而且可以解渴，非喝不可时就选择它们吧！

原则 ② 油炸的东西只准吃地瓜球

和其他油炸类相比，地瓜球的含油量较少。买之前提醒他们观察油锅，**如果油少且清澈，代表今天的油炸量不多，才可以购买。**

原则 ③ 买香味不远传的鸡蛋糕才对

鸡蛋糕的香气如果大老远就闻到，添加香料的概率很高；站到摊子前才闻得到香气，这才是我们的选择。

◀ 每次买油炸食品时，记得观察油是否干净，才能放心购买。

原则 ④ 绝对不能吃烤玉米

因为玉米是基因改造、使用农药比例都很高的作物，而烧烤时所涂的酱料不但高盐，还有许多添加剂，一旦烤焦还会致癌。

原则 ⑤ **喜欢臭豆腐的臭就吃蒸的**

儿子很喜欢臭豆腐的味道，我允许他偶尔吃，条件是**别吃油炸臭豆腐，改吃蒸的，至少避开油炸问题**。

原则 ⑥ **绝对不吃咸水鸡**

咸水鸡加太多调味料了，有些不良商人还用淘汰的生蛋鸡或生病鸡来制作，**肉里往往残留着荷尔蒙或药物，我告诉孩子千万别买。**

原则 ⑦ **不吃粉圆和芋圆**

这两种食物常使用修饰淀粉、色素和香料。我告诉他们，除非能找到可信赖的手工制作芋圆，否则回家吃妈妈煮的地瓜或芋头甜汤吧！

原则 ⑧ **不买烧烤和糖葫芦**

这两种摊位香气四溢，让孩子很难抵抗，但我告诉他们，就算鱿鱼、肉串的来源可靠，高温烧烤也会使蛋白质变质，吃了会致癌；而糖葫芦又红又甜又香，色素和香料非常多，真的不该吃。

记得下次去夜市前先和孩子沟通想吃、想玩什么。如果孩子想吃蚵仔煎（福建小吃），就约定不加酱；我也会请他们想清楚，万一找不到想吃的，还能玩些什么（例如套圈圈、投球）。有了其他目标，孩子就不会太失落。

▶ 咸水鸡的调味料下得很重，且鸡肉来源不明，我是绝对不会给孩子吃，如果偶尔嘴馋可以买点青菜类食物就好。

外食族的一天

三餐老是在外，跟着做就能避开"毒食"

忙碌的你三餐是怎么吃呢

外食族的一天都在吃毒

▼一早就吃高油、高糖和多盐的东西会造成身体极大的负担，且容易注意力不集中，影响学习工作效率。

▼中午外食讲求快速，店家往往忽略食材熟度和干净度，此外，高热量、过咸也是问题之一。

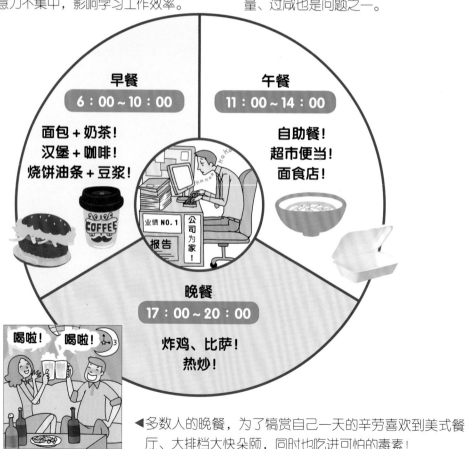

早餐
6:00～10:00

面包＋奶茶！
汉堡＋咖啡！
烧饼油条＋豆浆！

午餐
11:00～14:00

自助餐！
超市便当！
面食店！

晚餐
17:00～20:00

炸鸡、比萨！
热炒！

◀多数人的晚餐，为了犒赏自己一天的辛劳喜欢到美式餐厅、大排档大快朵颐，同时也吃进可怕的毒素！

外食族的早餐问题，怎么吃才对

　　早餐很重要，攸关一天的活力与代谢力，更影响着学习和工作效率。小学低年级的老师都会呼吁家长，最好让孩子吃完早餐再上学，否则至少替他们备好早餐带到学校吃，千万不要给钱了事，因为多数孩子会乱买食物，如汽水配薯片、冰沙配热狗、珍珠奶茶配炸鸡块……

　　即使是成年人，对外食早餐也很随兴，很少有人会注意到，买错吃错，等于一早就把假食物喂给空了整晚的肠胃，身体迫不及待吸收的都是毒素。我想提醒外食族点餐注意以下几点就能有大改变。

面包店

主要问题 好吃的面包往往用了很多油和糖，热量高，营养却不怎么样。而在大型工业区或住宅区，常能看到面包车违停做生意，一个面包卖两三元，上班族买了就走，省时又省钱。要知道，制作面包的原料包括面粉、奶油、馅料都不便宜，烘焙也需要时间成本，卖这么便宜并不合理，令人不禁担心是否用较差的原料和化学发粉。

专家这样选

尽量挑样式简单、调味少的面包

❶ 请尽量选择样式简单、少油、少糖的**欧式面包**。

❷ 挑选吐司时，**太过雪白的最好别买**，有漂白之虞。

❸ **太香的面包**可能添加了酥油，那属于**反式脂肪**，有害健康。

❹ 面包里的乳酪如果不会融化，可能是**高熔点乳酪**。这是用天然乳酪加工再制的产品，添加了乳化剂、抗氧化剂、香料、防腐剂等，保存期限比较长。万一买到这种面包，我不会再买第二次。

印度诗人泰戈尔："大自然的药铺里有许多种止痛剂。"

速食店

主要问题 速食早餐店的选择很多，我常看到年轻人买铁板面配奶茶，一顿高钠、高油、高糖的早餐除了留下热量，也损害了健康。速食店的汉堡，除了担心它的肉片品质不佳，还有营养不均衡的问题。孩子最爱的薯饼是很糟的食物，无论炸或烤都油腻，因为制作时已经把油拌进去了；至于调味乳，可说是生乳、乳化剂、香料、色素、糖五合一的产物，与其喝这个，不如喝白开水。

豆浆店

主要问题 比起来，豆浆店里的食物相对安全多了。油条是最令人担心的食物，不仅因高温油炸制成，其中还添加了明矾和碳酸钠（苏打）当膨松剂，吃多了会造成慢性铝中毒。此外，豆浆是很好的食物，但万一是用转基因的黄豆来制作，真食物就真的变成假食物了。

 专家这样选

尽量点新鲜蔬菜或肉片，调味料减少

❶ 如果非在速食店解决早餐不可，建议大家**点三明治**。可向老板提出不要沙拉酱和番茄酱、吐司不要烤焦的要求。

❷ 选择三明治口味时，**请尽量选蔬菜、水果口味，或选新鲜肉片**，而非选择火腿或培根。

❸ 铁板面的蘑菇酱往往不是用蘑菇熬制，而是用一堆**添加剂调出来**的，请尽量少吃。

检查豆浆有无泡泡

❶ 买豆浆时，建议**看有没有泡泡**，若有代表没加消泡剂，可以喝得比较安心。

❷ 喜欢喝咸豆浆的话，**请不要掺入辣油**，现在人工辣油较多，是用化合物和色素调成的。

❸ 因不鼓励吃油条，建议**改点烧饼夹生菜**，饭团加蛋不加油条。

❹ 点馒头时尽量选**全麦口味**，点包子请将菜包和肉包搭配着吃，多摄取膳食纤维。

外食族的午餐、晚餐问题，怎么吃才对

由于工作因素，中午外食的人很多，而双薪家庭、单身租屋在外的人也可能不开伙，连晚饭都在外头解决。比起早餐，午餐和晚餐的问题更复杂，也需要更谨慎做选择。

便当或自助餐

主要问题 我的外国友人都说台湾地区便当真好吃，但也开玩笑说，天天吃可能会变胖。整体而言，便当的问题出在"三多一少"——热量太多、油脂太多、蛋白质太多、蔬菜太少。

▲ 常吃便当，容易变胖，应多选择青菜，少吃肉类。

专家这样选

慎选便当菜式，菜要比肉多

❶ 选购便当菜式的基本原则：卤的比炸的好，白肉比红肉好，蒸鱼比炸鱼好，**每餐至少要有3种蔬菜**，但不要吃腌渍的酱菜。

❷ 每餐吃到的肉类，**不应超过女生掌心的大小**（这是2份）。关于豆类、鱼类、肉类、蛋类，每天需摄取5023千焦热量的人只需3份；6279千焦需4份；7535千焦需5份；9209千焦需6份；10465千焦需7份；11302千焦需8份。

❸ 买自助餐请向青菜种类较多的店家购买。最好早一点去打菜，以免剩菜浸泡在油里；**打菜时稍微沥干汤汁**，以免吃进去太多油脂。

❹ 在大型工业区常会见到快餐车，受限于场地条件，绝大多数摊贩把饭菜做好，带到现场保温或加热，购买这类食物较没保障，建议最好到店里购买，现做现吃，**因为熟食放置在室温下2小时，大肠埃希菌数就会过高**，容易引起食物中毒。

面店小吃

主要问题 面条在精制的过程里，许多营养素会流失，所以不鼓励以面食完全取代米饭，否则营养素会不均衡。很多面店因为人手不足，做不到蔬菜现洗现切，便事先将大量蔬菜清洗，然后切好备用。为了让青菜的切口不变黑，有些店家会准备一盆加了过氧化氢的水，把青菜过一下以保持青翠。

超市食物

主要问题 超市食物应该是非不得已的选择，这里的热食大都得微波加热，只将塑胶包装袋切个口，有时会看到容器微波后变形，这样若不会释出毒素，怎样才会呢？此外，便利商店饭团的问题，在"我家绝对不吃的20种假食物"（参见第110～117页）已做解释，在此不重复赘述。

比萨、汉堡、炸鸡、薯条

主要问题 这些西式餐点最令人担心的问题，除了肉类是否健康无毒、是不是人道饲养，其他如反式脂肪含量过高、炸油槽没清理干净、饼皮和面包的原料可能是转基因小麦、一顿饭摄取太多热量等，也都值得留意。

热炒

主要问题 热炒店的考量和中餐厅比较接近，但格外容易在海产的保鲜上出问题，别以为点活鱼就没问题。

曾有老板告诉我，有些不良商人会在水池里加杀菌剂，确保鱼不会生病。有些热炒店的肉排特别软嫩，那是因为加了嫩肉粉，汤头特别鲜美，那是因为加了鸡粉。

专家这样选

要特别小心面条的颜色和煮法

❶ 有2种面建议不要吃：一是黄色的面条（如油面），通常加了碱来增加弹性；二是凉面，因为很容易大肠埃希菌数超标。

❷ 点汤面时，请留意面汤是舀自另一锅汤，还是直接取用煮面的水，若是后者，不建议常光顾。

❸ 吃面时，记得点盘烫青菜，请老板淋少许的酱油及香油就好，不要加油腻的肉末。

❹ 点小菜前请先留意颜色，如果干丝和豆腐太白、海带太绿，代表有漂白和色素问题，最好别吃。

❺ 面店里的卤味少吃，有些卤汁被掺化学酱料，加上盐分太多，常吃易患高血压。

超市商品种类繁多，吃茶叶蛋相对安全

❶ 面包放着不会变硬或发霉、包子蒸久了还是软绵绵、便当米饭也不会干硬，这些都是添加了pH调整剂。

❷ 关东煮的汤头不一定会使用全天然熬煮的鸡汤，酱料也是化学产物，请别喝汤、别蘸酱。

❸ 沙拉和水果能保鲜又不会氧化变黑，是保鲜剂、过氧化氢的作用，不建议吃。

❹ 夏季里大家趋之若鹜的冰沙，说穿了，就是色素香料糖水冰。

❺ 孩子问过我，超市里到底有什么是能吃的？我的答案是：就买茶叶蛋吧！

油炸物多、热量高，最好少吃

❶ 吃比萨和汉堡经常摄取到过多的油脂、糖类和热量，维生素却严重不足，因此建议加点沙拉一起吃。

❷ 真心规劝，少吃炸鸡、盐酥鸡，如果真的嘴馋，顶多一个月吃一次；吃之前请把鸡皮拿掉，而且吃一块就得收手。

❸ 马铃薯是很好的食物，但炸薯条不是，它含有很高的反式脂肪，高温油炸还让它含有致癌物"丙烯酰胺"，能不吃最好。

❹ 这些食物热量高得吓人，请不要再用含糖饮料佐餐，喝开水或茶吧！

吃热炒要小心食物的新鲜度

❶ 如果鱼被放在冰块上保存，代表新鲜度有问题，至少应该整条鱼泡在冰块中。

❷ 如果不是很值得信赖的店，请不要点生鱼片。

❸ 点菜时，请用善意的谎言，告诉店家"我对很多化学物质严重过敏，尤其是味精"，拜托他们做菜时不要放鸡粉、香菇精、嫩肉粉、人工辣油等。

美国政治家班杰明·富兰克林："节制就是食不过饱，饮不过量。"

选错器皿，小心吃毒上身

盛食器皿是看不见的隐藏危机

锅具选错会有大问题

烹调方式不当会让食物变质、释出毒素，甚至致癌；烹调所用的锅具或盛食器皿如果选错了，照样危机四伏。以器皿为例，保鲜盒的最理想材质是玻璃，但仍须购买有信誉的厂牌，以避免重金属问题；至于PP材质聚丙烯须留意耐热温度，以及和油类、酸类物质一起加热会不会腐蚀。在我家，非玻璃类的保鲜盒一律不准用来加热，只用来盛装生的蔬菜和干物。

不粘锅最怕刮伤

不粘锅表面涂有一层"聚四氟乙烯"（PTFE），烹调时食物不会沾粘，所以很受欢迎，不过加热超过260℃就会变质，还有当表面刮伤，加热后会释出四氟化碳（又称全氟化碳），这种气体不仅造成温室效应，摄入人体还会伤害肝脏、影响生长发育，并导致女性提前进入围绝经期。

 专家这样选

不粘锅6大使用原则

❶ 用的时候不要开大火，尽量维持中小火，只煎不炸，并避免干烧。
❷ 不要用来煮酸性食物，例如酸笋、酸白菜、姜丝大肠。
❸ 慎选锅铲，不要使用比不粘锅坚硬的材质。
❹ 留意食材，不要让蟹壳、鱼刺、鸡骨等刮伤锅子。
❺ 清洗时请用海绵，不可用百洁布或钢刷。
❻ 一有刮伤就丢弃，别心疼。

炒菜锅要耐碰撞

炒菜时加温范围很大，食材也具多样性，因此炒菜锅必须耐高热、耐翻炒碰撞，我认为不锈钢材质最为合适。

不锈钢锅，不会变黑才对

不锈钢锅是以镍、铁、铬为主的金属混合所制成，它的特色是不会生锈，传导性好，加热很快。挑选不锈钢锅时，磁铁要吸得住锅体，而且锅子要重，钢材比例才会足，否则镍、铬会溶出来。

好的不锈钢锅不会变黑，变黑表示金属比例有误。不锈钢锅一买回来，应先用醋泡洗过，或用面粉加水煮过，以便洗掉制造时机器留下的工业用油。

专家这样选

锅铲不要比锅子硬

我家的锅铲很多，包括不锈钢、木头、硅胶等材质，和锅子配搭使用的原则很简单，**就是锅铲不要比锅子硬**。

❶ 不锈钢锅铲
适用于不锈钢锅和铁锅，使用起来灵活度很好。

❷ 木头锅铲
多用于拌面、拌菜或翻炒酸性食物，我会挑选**没涂漆的木铲**，用过清洗后要晾干以免发霉。

❸ 硅胶锅铲
适用于不粘锅，柔软的材质不会刮伤锅子表面，软硅胶的材质若用高温火烧，顶多直接碳化呈白色粉末状，不会释出有毒物质。

※ 我家孩子喜欢自己动手做点心，最常用到不粘锅。除了教导他们正确的使用和清洁方法，我还把坚硬的不锈钢锅铲收起来，这样就不必担心拿错锅铲刮伤锅子。

古希腊哲学家希波克拉底："让你的食物成为你的药，你的药就是你每天吃的食物。"

煮汤要经得起久煮

汤锅需要长时间加热，如果选错材质，把重金属溶出是很可怕的。

别用纯铝锅，以免老年痴呆

以前大家很喜欢用铝制作汤锅、便当盒，后来发现如果铝、铬溶出——前者会导致身体疲累和贫血，并伤害神经系统，造成老年痴呆症；后者会伤害脑部细胞、影响智商。相比之下，铝锰合金比纯铝锅安全些，但仍要避免酸性食物，例如番茄浓汤、酸辣汤等，也不适合用来煮中药。

铸铁锅，保温良好适合煲汤

铁锅的受热平均，而且保温良好，是煲汤时的好帮手。如同新的不锈钢锅需要清洗掉黑油，新铁锅的处理方式相同。铁锅怕生锈，清洗后最好用小火将锅子烘干，除此以外的时间请不要干烧。

砂锅，可保温又能直接上桌

用陶土做的砂锅，如果陶土没有重金属污染，就不失为好锅具。砂锅可直接在火上加热，保温效果出色，直接端上桌也好看，所以冬天里我有时会用它煲汤。

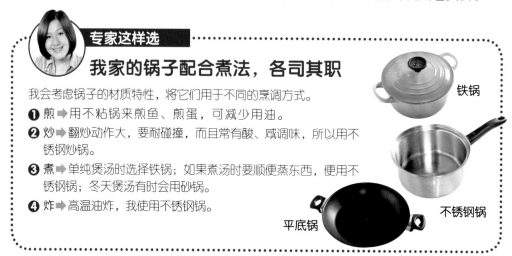

专家这样选

我家的锅子配合煮法，各司其职

我会考虑锅子的材质特性，将它们用于不同的烹调方式。

❶ 煎➡用不粘锅来煎鱼、煎蛋，可减少用油。

❷ 炒➡翻炒动作大，要耐碰撞，而且常有酸、咸调味，所以用不锈钢炒锅。

❸ 煮➡单纯煲汤时选择铁锅；如果煮汤时要顺便蒸东西，便用不锈钢锅；冬天煲汤有时会用砂锅。

❹ 炸➡高温油炸，我使用不锈钢锅。

铁锅

不锈钢锅

平底锅

外食、外带餐具用太多，比吃错更恐怖

在外解决三餐是不得已的事，但仍要设法保护自己的健康。了解这些一次性餐具的毒素后，我们可以选择自备安全的餐具。

免洗筷 ➡ 会引发气喘和致癌

曾有初中学生在科学实验中，拿免洗筷泡过的水养虾，结果虾子2小时就抽搐，1天就死掉；用这种水养豆芽和浮萍，植物在5天之内全枯死。这群很棒的孩子用实验结果告诉大家"免洗筷有多么可怕"！

免洗筷以竹筷和木筷居多，最为人熟知的毒素是"二氧化硫"，在制作过程中，原本作为漂白和消毒之用，可是残留在筷子上，被使用者吃进肚子后，会引发气喘和致癌。我想建议大家，外食最好自备筷子，万一非用免洗筷不可，请向餐厅要杯热水，把筷子浸泡过再使用。

宝特瓶、吸管 ➡ 超过40℃就会释放毒素

有些人在喝完瓶装水后，把宝特瓶拿来当水壶用，觉得较符合环保的精神。事实上这会危害健康，因为宝特瓶的材质是"聚对苯二甲酸乙二酯"（PET），在40℃就会释放出重金属锑，如果摄入会致癌。有些人习惯把宝特瓶所盛的饮料放在车上，车子在太阳底下曝晒，锑同样会释出溶入饮料中。

喝东西时，我都提醒孩子倒入杯子直接饮用，避免使用吸管，它不仅不耐热，彩色吸管还有染色问题，很容易释出铅。至于造型吸管，无论再可爱都别用，就像造型杯一样得用化学物塑形，况且清洗困难，容易增加藏污纳垢的风险。

▲ 很多人不经意把宝特瓶放在高温下，但这样会让毒物释放到饮料中。

塑胶盒、塑胶袋、塑胶餐具 ➡ 最容易吸入环境荷尔蒙

塑胶盒、塑胶袋、塑胶汤匙的材质有很多种，基本上，我只用它们盛装冷的熟食，就连拿来装酸性食物（如水果）都不妥，更别说热食了。大家应该都有外带汤面的经验吧！塑胶汤匙和汤面被放在同一个提袋里，便因汤面的高温而变形，这样的餐具适合拿来喝热汤吗？

目前大家认同的"聚乙烯"（PE）或"聚丙烯"（PP）材质的塑胶袋和免洗用具，标榜可以耐热，我才不相信这种说法。就算不会破不会熔，仍可能发生肉眼不易观察的皱褶，若放入高温食物，未必不会释出塑化剂。

至于塑胶汤匙和刀叉，遇酸、遇热会释出"双酚a"（酚甲烷，BPA），这是一种"荷尔蒙激素"，会干扰内分泌腺，并导致胎儿畸形、伤害幼儿的大脑和生殖器、使青春期提前，还会容易产生致癌因子。

拿着锅子去买面，对我来说是平常的事，我还曾经为了买热汤圆，先去商店买只不锈钢锅呢！为了安全，千万别怕麻烦！

纸餐盒 ➡ 遇油、热会溶出涂料

之前新闻曝光有印刷厂以工业用甲苯来擦拭纸餐盒的印刷油污，导致纸餐盒被有毒溶剂污染，这实在是超级离谱的事。撇开这个事件不谈，为了防水，纸餐盒会上涂料，如果把刚炸好的食物直接放上去，涂料就被溶出，直接为食物加料了。

我建议大家购买外食最好自备器皿，上班族不妨买个玻璃保鲜盒放在公司，中午外出吃饭就带出去用餐，虽有点麻烦，至少能确保安全与健康。

英国俗谚："晚餐少，长寿保。"

正确清洁、定时运动，
就能排出毒素，远离过敏源！

PART
3

【这么全面】厨房以外的事

居家生活的无毒实践课

日常洗澡保养如何防毒
从皮肤侵入的毒素更难排除

别小看从皮肤进入的毒素

化学物质从皮肤和黏膜进入身体，只有10%会代谢掉，剩下90%囤积在体内，从血液和淋巴液进入肝、肾等内脏，破坏免疫力并引起过敏，甚至引发慢性病和细胞病变。

我怀小女儿之前，好不容易等到儿子3岁，我终于有时间打扮自己。爱美的我几乎每个月都烫染头发、做美甲，冬天还迷上用"温泉粉"泡澡。当我一察觉怀孕了，马上停止这些日常作为，但我强烈怀疑许多有毒物质已经进入体内，所以后来才生下过敏如此严重的小女儿。

我曾为此感到懊悔，但懊悔无济于事，除了积极找真食物为女儿调整体质，我花更多心思把这经验转述出去，提醒大家就算不为自己，也该为下一代的健康设法过着无毒生活。

口腔中看不见的隐藏毒害

口腔黏膜表皮很薄，且经常发生破损，有毒物质很容易入侵，稍不小心就会误食。

牙膏、漱口水 ➡ 三氯沙增加过敏、气喘的发生率

很多大厂牌的牙膏里会添加三氯沙作为抗菌防腐之用，这是一种环境荷尔蒙，如果孕妇使用了，会导致

132

胎盘供氧量不足，妨害胎儿的脑部发育；幼儿体内的三氯沙含量越高，发生过敏、气喘、异位性皮肤炎的概率也越大。此外，牙膏里还有发泡剂、香料、氟化物，若不慎吞下肚，绝非好事。

根据澳洲科学家的研究，如果漱口药水含有酒精，经常使用会增加患口腔癌的风险。

牙刷 ➡ 2～3个月就该更换

浴室里的细菌其实很多，我认为每人一把牙刷是不够的，至少要有两把替换着用，定期将其中一把洗净、日晒、晾干，以防发霉。无论牙刷有没有损坏，最久2～3个月就要淘汰换新。

洗浴用品比你想的还要毒

市面上的洗洁剂大多数是石化产物，消费者协会检测市售的石化清洁剂，发现98.6%有毒，例如洗衣精有荧光剂，沐浴乳和洗发精有合成香料和防腐剂……

沐浴乳和洗发精都属于乳状清洁剂，它们都会添加界面活性剂，以将水和油分离，破坏表面张力达到清洁效果，可是其中若含有壬基苯酚，将危害我们的生殖和神经系统。

▲ 我所使用的牙刷都必须经过认证，特殊刷毛，不易藏污纳垢。

受广告影响，大家使用乳状清洁剂的频率和剂量太多，多余的界面活性剂经下水道回归溪流和海洋，自然生态环境因此受污染。眼前或许无力杜绝化工洗剂，但可从贴身的洗澡、洗发用品开始改变。

沐浴乳和洗发精所添加的界面活性剂会去除皮肤油脂、溶解细胞膜，然后渗入细胞囤积着，这也是"富贵手"形成的原因之一。

法国俗谚："与其求医服药，不如买菜吃肉。"

沐浴乳 ➡ 加入塑化剂，干扰发育甚至会致癌

沐浴乳的瓶子多数是PVC材质，很多在制造时就加入塑化剂。为了不变质，多数沐浴乳会添加防腐剂，这对身体危害很大——如果含"甲醛"，将会干扰雌激素，造成男性精虫减少，年纪越小的孩子受影响越大；如果含对羟基苯甲酸酯，会让过敏概率大增，更可能造成乳腺癌。此外还有香料、色素、均质剂、乳化剂、起泡剂、增稠剂……小小一瓶简直是联合实验室！

▲ 市售身体清洁洗剂，经调查大部分都含有化学原料，经常使用会造成过敏或皮肤炎。

洗发精 ➡ 硅灵问题大，阻塞毛孔导致掉发红肿

比起沐浴乳，洗发精的问题更多出在"硅灵"上。如果不添加硅灵，洗完头发摸起来会干涩，这是因为毛鳞片打开了；硅灵会填满毛鳞片的缝隙，让它摸起来滑顺。然而它不溶于水，下次再使用洗发精时，上回的硅灵还阻塞在毛鳞片的缝隙中，新硅灵又覆盖上去，层层堆积和包覆，最后连头皮毛孔都阻塞，以致毛乳头萎缩，头发掉落，头皮发红发痒。

手工皂、液体手工皂也要小心选购

和沐浴乳、洗发精相比之下，手工皂的问题较单纯，但未必就无毒。手工皂没添加石蜡和硬脂剂，所以不会阻塞毛孔，但摸起来不会像大量生产的香皂那样坚硬、有形。

手工皂 ➡ 添加的香料、精油难保证没问题

手工皂的制作分为热制法和冷制法。热制法以皂基为基础原料，通常是买回来加热，它的制作过程有无问题很难掌握；制作时往往会加香料和色素，和一般大规模生产的香皂较类似。冷制法难度较高，制作时仍可能加香料和色素，究竟是用精油、水果香料或人工香料，同样难以辨识，且需要1个月以上才

能制作完成。

想判断采取哪种方式制造，动手摸最准确。色彩较缤纷、摸起来没有弹性的手工皂通常是以热制法做成的，冷制法的手工皂看起来较朴素，且摸起来有弹性。

液体手工皂 ➡ 同样小心添加物的来源

我参观过液体皂工厂，虽标榜不加化学添加物，但仍会放香料和色素，只是通过手工化来制作。手工皂和液体手工皂是根据使用习惯所开发出来的不同产品，其制作原理是相同的。

保养品对肌肤是呵护还是伤害

洗面乳、化妆水、精华液、美白液、保湿液、隔离霜、粉底、蜜粉……如果一天平均用10种，就接触到120种化学成分！

专家这样选

我家洗澡爱用的手工皂

我家小女儿有异位性皮肤炎，用错香皂会瘙痒、产生皮屑。我四处打听买到进口免敏皂，一块香皂上百元，忍痛买了几次后，我决定自己开发制作。我找到手工皂达人帮忙，成本只需1/3，也开启了我对手工皂的喜爱。

手工皂需添加油脂，我坚持用橄榄油而不用棕榈油（我讨厌为了种棕榈树而砍伐热带雨林的行为），如果要有香气，只准添加有机精油。

我偏爱手工皂的细致泡沫，洗头、洗脸、洗澡都用它。好的手工皂没添加化合物，加上油脂充分，所以容易软烂，不宜放到水底下冲洗，而是把手打湿去抹皂。有个小贴士是在浴室放置吸盘，让它晾干就行了。

印度俗谚："吃错食物用药就没意义，吃对食物就不需要药。"

保养品里的防腐剂

英国皮肤科医学组织说，合法添加防腐剂是造成湿疹的元凶。而防腐剂中，"MI（甲基异噻唑啉酮）"和"MCI（甲基氯异噻唑啉酮）"，更是导致过敏的祸首。选购保养品时，请检查不可含有以下成分。

❶ 邻苯二甲酸酯盐（塑化剂）：可能会提高糖尿病、乳癌、子宫内膜癌罹患率，使男童生殖器发育较小、女童性早熟。常在香水、洗沐用品中发现。

❷ 酞酸二甲酯：容易引发神经炎。经常添加于指甲油、头发喷雾剂、香皂和洗发精。

❸ 酞酸二乙酯：可能会影响胎儿发育。主要用途是固定香气。

❹ 丙烯酸正丁酯：容易致癌。用于化妆品的乳化剂、黏合剂。

另外，请选购标示"不含对羟基苯甲酸酯"的保养品或化妆品，这种成分虽能防腐并抑制细菌生长，但也会提高罹患乳癌的概率。

指甲油有3毒，长期使用会致癌

指甲油有三大可怕物质，大家应尽量少用，涂抹后也要尽快擦掉。

❶ 甲苯：神经毒素，会导致身体虚弱、记忆力衰退、胎儿缺陷、发育迟缓。

❷ 甲醛：会导致哮喘、恶心、头痛，长期接触会致癌。

❸ 邻苯二甲酸二丁酯：是荷尔蒙激素，可能提高糖尿病的发生概率。

纳米化一定比较好？

有些保养品标榜纳米化之后，分子特别小，吸收效果更好。纳米科技改变了化妆品和皮肤的关系，让彩妆更细致。然而这是种新科技，通过它有害成分会不会更容易入侵人体？这一切还是未知。

我的养生方法大公开

用运动和居家护理照顾自己和家人

做对运动就能百毒不侵

我从小喜欢运动，跑步、跳高都是拿手的项目。我坚信有运动才会健康，科学已经证实持续运动能常葆青春，运动时会释放内啡肽、血清素和多巴胺，让人感到愉悦、满足和兴奋，并帮助"肾上腺皮脂醇"（又称压力荷尔蒙）适度分泌，有助于对抗精神压力、身体发炎等情形。

运动无法做一次就看到成果，必须持续地进行。每个人都应尝试各种运动，从中找出几项最喜欢、最合适、最擅长的项目，一辈子持之以恒地做。请别拿工作忙碌当理由，没时间运动的人，迟早得花时间看医生。

气功改善了我的鼻过敏

25年前我在工读的时候，因缘际会接触到气功。当年我常见到社会精英、政商名流来向我的老师请益，学习如何用气功改善健康问题。当下我有了两种体会——第一，气功对身体如此有益，我要赶紧向老师学；第二，这些人事业有成却得回头挽救健康，我不想像他们一样，从现在起我就要把健康照顾好。

从气功中学到的吐纳和静坐，至今仍深深影响着我。一般人呼吸只用1/3的肺，而气功采用"腹式呼吸"，老师教我将一口气分为10段吸气、10段吐气，充分运用到肺部，吸入的氧气被运送到全身，所以等于帮内脏做了有氧运动。这样的呼吸方法不仅让我健康，当我情绪过于激动或沮丧时，还能帮我恢复平静。自从练了气功以后，我的鼻过敏逐渐舒缓，到现在我几乎忘记自己曾有过敏体质。

瑜伽和体适能让我更有耐力

16年前我接触瑜伽后，就深深爱上这项运动，它让我的身体更柔软、更灵活，也更有自信。女儿两三岁时看我练瑜伽，她也抱着小被子铺在旁边学着做，我们还会一起去上亲子瑜伽课呢！

4年前因好友推荐，我开始上体适能课程，借由很多有氧运动来强化心肺功能，并锻炼肌肉，保持骨骼强度，避免因年龄渐增而肌肉流失，同时学习伸展运动，让身体保持弹性。

平时在家我就动不停

我常劝身边的朋友，不是非上健身房或做竞技型运动（如篮球、网球）才有效，平时只要善用时间，随时都能运动。

只要时间允许，我尽量每周上2~3次、每次2小时的体适能课，还会抽出时间练气功、练瑜伽。平日在家我更动个不停，能站就不坐，随时伸展全身。看电视时，我会站着拿哑铃做肌肉训练；站或坐的时候，随时提醒自己缩小腹，这样就不会驼背；坐下时，只坐椅子的1/3，坐姿端正、背部打直，就能远离腰痛。而且不限时间，我会和先生去爬山、泡温泉，或是外出带着精油以备不时之需（随时都可以练瑜伽）。

总之，除了吃真食物、用无毒用品，我还以运动来维护健康，这就是我的养生态度。

好妈妈一定要会的居家护理

我家孩子的医保卡只用来看牙医，这是千真万确的事实。孩子不舒服的时候，我通常会在第一时间做居家护理。

当孩子腹痛或腹泻 ➡ 轻柔地按摩腹部

孩子有时因进食太快，难免有胃痛、肚子痛或拉肚子的情形，这时我会请他先禁食，让肠胃休息一下，然后保持安静。如果疼痛感很明显，我会用"亲亲宝贝"精油（德国洋甘菊、真正薰衣草、茶树、冷压萃取荷荷芭基底油）和"白衣天使"精油（德国洋甘菊、真正薰衣草、茶树），从肚脐向外顺时针轻柔地按摩腹部。

当孩子反映耳朵痛 ➡ 用精油擦拭外耳道，消除细菌

当孩子反应耳朵痛的时候，首先我会用手电筒察看有没有异物侵入，若没有，应该就是感冒引起的发炎或神经抽痛（通常发生在感冒前后）。

我会用2滴"亲亲宝贝"加1滴"白衣天使"精油，以棉花棒吸取后，帮孩子轻轻擦拭外耳道，并严禁他去掏耳朵。

腹痛、腹泻的精油按摩方式

❶ 从肚脐由内往外，顺时针轻柔按点

取适量的"亲亲宝贝"和"白衣天使"精油，于掌心稍加搓热后轻抹于腹部。并握拳让指关节从肚脐右下侧缓慢轻柔地向外顺时针按摩，如此完成一个轮回。

❷ 由上往下轻抚，使腹部肌肉放松

按摩3～5个轮回后，双手手掌平贴腹部形成心形，由上往下轻抚，使腹部肌肉充分放松即可。

英国俗谚："饮食有度，医药无缘。"

当孩子反映腿痛 ➡ 以温水加入精油泡脚按摩

少数情况是成长痛，多数情况是运动过度引起的"铁腿"（通常发生在学校运动会前后），这时我会用"漫步云端"精油（德国洋甘菊、永久花、天竺葵、真正薰衣草、柠檬、金盏花浸泡油、冷压萃取荷荷芭基底油），帮孩子按摩腿部，使肌肉放松；或是准备一盆39℃的温水，加2滴精油，让孩子泡脚15分钟。

当孩子经痛时 ➡ 泡生姜红糖水，再辅以按摩

我有2个女儿，女孩子难免有经痛的时候，这时我会用生姜和红糖泡热开水给她喝，然后用"亲亲宝贝"精油帮她按摩下腹部，一边按摩一边说些开心的事，让她情绪放松。

三餐饮食尽量提供蛋白质和纤维质丰富的食物，例如菠菜蛋花汤、姜丝豆腐汤等，并避免太冷的食物（如白萝卜、瓜类等）。

当孩子感冒发热 ➡ 喝温水、泡澡、戴口罩滴精油

当孩子感冒发热，学校通知家长接回时，我的做法很简单——喝水、泡澡、补充蛋白质、戴口罩、睡觉。

专家这样做

每周泡脚让我们睡得好

泡脚有助于肌肉放松，平日里，我和先生会利用睡前时间泡脚，每周4~5次，每次15~20分钟，水温大约39℃，加少许海盐，膝盖以下完全浸泡。我发现这能帮助我们睡得更好。

我让孩子先喝杯温开水，然后放一缸38℃～39℃的温水，加5滴可治愈感冒精油（白千层、蓝胶尤加利、柠檬尤加利、茶树、绿花白千层），让他先泡澡；这时我会为他煮碗鱼汤，或提供蒸蛋、温豆浆当点心，让孩子吃完再去睡一觉。醒来时，我会在口罩内滴1滴"呼吸顺畅"精油（蓝胶尤加利、真正薰衣草、欧洲薄荷、欧洲赤松）让他戴着。以孩子们的体质，通常半天就可以恢复正常温度了。

当孩子猛长青春痘 ➡ 有机芦荟胶加精油，有助消炎

我家孩子正处于青春期阶段，"战痘"是必要的课题。通常我会提醒他们勤用清水洗脸，不要去挤压，顺其自然就好；然而当青春痘发炎、红肿，就有必要向妈妈求助了。

我的护理方式是在消毒干净的容器中，放入2毫升有机芦荟胶，再加1滴"白衣天使"精油，充分拌匀后，让孩子用来涂抹青春痘，很快就能消炎、消肿。

专家这样做

如果还是高热不退，就做"美式整脊"

这种情况发生时，我会带孩子去做美式整脊（非传统整脊）。美式整脊师有美国认证的执照，其原理是神经压迫会传导不良，不通则痛，调整后即可恢复。我怀老大时经常严重落枕，只能静躺不动，医检师建议我去看美式整脊，效果很好。做妈妈以后，我不想让孩子吃药，多年来除了居家护理，便以美式整脊作为辅助疗法。

阿拉伯俗谚："天下有千种疾病，却只有一种健康。"

附录

认识 "天然精油" 的惊人效果

与精油芳疗师的对谈，一窥精油的治愈力量

精油芳疗师 王贞匀

贞匀老师拥有 "美国凯罗尔大学企管学士" 和 "波士顿大学金融硕士学位"。婚后在中国取得了会计师执照。

她接触精油的最初动机，是为了替家人寻找最天然的呵护，之后因兴趣而放下所学，全心投入芳香疗法的学习和钻研，完成 "美国澳亚健康管理学院芳香疗法系" 的专业教育，并取得美国ARC（Aromatherapy Registration Coucil）认证芳疗师执照。

2003年她创立了璀莉缇芳香疗法推广中心，希望每位爱健康的朋友都有机会认识芳香疗法而享受大自然的治愈力量。

多年前我到幼稚园跟妈妈们分享追求真食物和无毒生活的心得，辗转认识了王贞匀（Carita）老师。有鉴于精油的运用日益广泛，我特地邀请贞匀老师针对读者常咨询的问题进行解说，希望帮助大家更了解精油。

精油是上苍赋予植物的珍宝

专家(以下简称白):请问什么是精油?能做个简单定义吗?

王贞匀(以下简称王):精油是从植物而来,用蒸馏或其他方法取得的精华,**当我们搓揉玫瑰花瓣会闻到香气、剥橘子会感觉手上滑滑的,都是精油的关系**。精油等同于植物的费洛蒙,是上天赋予植物的优势,有些为了防御病虫害,有些为了吸引昆虫授粉;每种精油对植物都有特殊意义,人类只是碰巧发现它对我们也有疗效,以科学方法将它萃取出来使用。

白:所有植物都有精油吗?它通常储存在植物的哪个部位?

王:每种植物都有优势元素,但未必萃取得出精油,例如当归的萃取难度很高,又如茉莉不能用一般的"蒸馏法",得用"脂吸法"才取得出精华。

精油来自植物的不同部位,有时一种植物从不同部位都能萃取出精油,例如玫瑰天竺葵精油萃取自花瓣和叶片、丝柏精油萃取自树枝和叶片、乳香精油萃取自树皮和树脂。

精油应用历史和疗效发现

白:精油的运用可推溯到多早?一开始就用在医疗上吗?

王:古埃及人用芳香油膏帮木乃伊防腐,并焚烧芳香植物驱除邪灵。中世纪欧洲鼠疫爆发,大家发现卖香水的人比较不会被传染,于是街头大量焚烧香水和芳香植物;专门洗劫死尸财富的盗墓者,还以丁香、柠檬、肉桂、尤加利和迷迭香来预防疫病。

德国俗谚:"粗食和空气新鲜是健康的本钱。"

王：精油的医学疗效被正视，拜法国科学家盖特佛塞博士（René-Maurice Gattefossé）所赐。他在情急之下把烧烫伤的手泡入一旁液体降温，没想到伤口愈合快速，因而发现薰衣草精油的功效，从此全力投入芳香疗法研究。

"天然" 两字隐藏了玄机

白：市面上精油这么多，要怎么分真假？

王：用化学方法制造的当然是假精油，然而以天然植物萃取，标示"天然"就一定是真的吗？我以玫瑰精油为例来说明。5000吨玫瑰花瓣才能生产1升玫瑰精油，价高就不足为奇。玫瑰精油有超过300种成分，让它"闻起来像玫瑰"的关键是香茅醇和牻牛儿醇。**为了图利，有厂商从香茅中取出香茅醇，从天竺葵中取出牻牛儿醇，再将两者合成做出玫瑰香气的精油，并标示"天然"。你不能说它造假，因为香茅和天竺葵确实是天然植物，然而闻起来像玫瑰，终究不是玫瑰。**

▲ 贞匀老师为了找到纯正天然的精油，常跑到法国农场参观。

白：化学合成的假精油对身体有什么威胁？

王：法国一年生产80吨真正薰衣草，却出口250吨，多出170吨打哪来？很简单，拿新疆种的薰衣草去分析，哪种成分不足就补上。世间万物有它存在的意义，当你从某植物的10种成分抽走3种，少了另7种的平衡，这3种未必不会起副作用。**身体认得纯正精油的天然成分，花时间就能代谢，但得注意剂量；化学合成的假精油可能有身体不认识的毒性，未必代谢得掉。**

研究精油后我越来越困惑，科学介入这产业太深，真真假假令我厌烦透了，所以干脆跑到法国寻找理想的农场，指定生产我要的有机纯正精油。

白：何谓有机精油？为什么精油必须有机？

王：有机精油和有机作物一样，种植过程不得使用化学农药和肥料，土地必须无污染，更得通过政府和权威部门的检验认证。有机只是我选择精油的基础门槛，原因很简单，**这是高浓缩萃取物，身体吸收快，若有农药残留将会多可怕！**

留意使用禁忌，使用前先测试

白：为何精油需搭配基底油使用？

王：精油接触空气会挥发，不溶于水，只溶于酒精和油。基底油是从植物种子中萃取得来，不挥发，接触空气则会氧化。**光有好精油不够，还要搭配冷压、纯正的基底油，最好也是有机的。**

白：精油有使用禁忌吗？哪些人不适合使用？

王：1滴精油等于25～30克植物，不建议直接涂抹在皮肤上，安全起见最好先以基底油稀释，第一次只抹一滴在手肘内侧，测试后无过敏反应再使用。至于其他禁忌包括——

● **怀孕初期的孕妇、3个月内的新生儿，不建议使用精油。**

● **婴儿6个月大后，可用极低剂量（0.5%～1%）的精油和基底油调和按摩。**

古希腊哲学家希波克拉底："食物是最好的医药。"

● 老人和小孩的代谢率较差，剂量应保守，须在专业人士的建议下使用。

● 癫痫患者应避免使用，尤其是含酮、含酚较高的精油会影响神经系统。

● 高血压患者不宜大量或长期使用，尤其是含氧化物较高的精油会让情绪激进、亢奋。

用精油呵护全家的健康

白：几年前我们赴法国考察有机农场，我不小心把手肘摔脱臼，手掌还有血淋淋的外伤。记得你用纯露（提炼精油时分离出来的一种蒸馏原液）帮我冲洗开放性伤口，又以手边的精油进行护理，隔天早上手掌便消肿，让我得以回去之后再将异位关节矫正回来，那次真正见识到精油的神奇。能不能请你分享以精油照顾家人的经验？

王：我用松木、薄荷、真正薰衣草、茶树等精油改善了先生的鼻窦炎和鼻过敏。孩子发热时，我会用德国洋甘菊、真正薰衣草、茶树、蓝胶尤加利等精油调和，帮他按摩前胸、后背、颈部下方和腋下淋巴。我罹患结膜炎时，在金缕梅纯露里加德国洋甘菊，用力摇匀倒在消毒药棉上敷眼睛，3天见效；至于尿道炎，我用佛手柑、罗勒和冷压纯正的基底油，每2小时按摩尿道周边（身体是立体的，前后左右都要按摩），效果很棒。

我的心得是西药会越吃越多，精油却能越用越少。我常告诉新手妈妈，不懂按摩手法没关系，妈妈的爱就是最好的按摩，妈妈的手就是最好的抚慰。

▲ 法国有机农场会将萃取的精油展示，并给大家试用、试闻。

如何妥善保管精油

白：精油有没有保存期限？怎样储藏才不会坏？

王：精油就怕空气、阳光、水！它的抗菌力强，只要不接触水就不易变质，**放在室温25℃内、阳光照射不到的地方即可**。至于保存期限长短不一，柑橘类只能保存1年，尤加利却能放3～4年。

白：请教导大家如何辨识100%的纯精油？

王：基本上，越纯的精油越容易挥发，香气久久不散的都是假精油。建议大家寻找可信任的厂商，请专业人士来分辨真伪，至于单方或复方则不必拘泥，只要品质纯正、用剂量正确，即能享受精油芳香疗法的呵护。

▲ 法国南部普罗旺斯1800平方米真正薰衣草精油农场探访（与农场主人合影）。

古罗马作家老普林尼："自然界到处有医药。"

健康树系列

无毒食物 这样选 这样吃

称职妈妈13堂"无毒饮食"爱心生活实践课

图书在版编目（ＣＩＰ）数据

无毒食物这样选这样吃 / 白佩玉著.—长沙：
湖南科学技术出版社，2017.6
ISBN 978-7-5357-8798-9

Ⅰ. ①无… Ⅱ. ①白… Ⅲ. ①食品安全－基
本知识Ⅳ. ①TS201.6

中国版本图书馆CIP数据核字(2017)第127085号

湖南科学技术出版社通过四川一览文化传播广告有限公司代理，经柠檬树国际书版集团苹果屋
出版社有限公司授权获得本书简体中文版中国大陆地区出版发行权。

著作权合同登记号：18-2014-186

WUDU SHIWU ZHEYANGXUAN ZHEYANGCHI

无毒食物这样选这样吃

著　　者：白佩玉

责任编辑：何　苗

出版发行：湖南科学技术出版社

社　　址：长沙市湘雅路276号

　　　　　http://www.hnstp.com

湖南科学技术出版社天猫旗舰店网址：

　　　　　http://hnkjcbs.tmall.com

邮购联系：本社直销科 0731-84375808

印　　刷：长沙超峰印刷有限公司

　　　　　（印装质量问题请直接与本厂联系）

厂　　址：宁乡县金洲新区泉洲北路100号

邮　　编：410600

版　　次：2017年6月第1版第1次

开　　本：710mm×1000mm　1/16

印　　张：10

书　　号：ISBN 978-7-5357-8798-9

定　　价：38.00元